# 教养狗

## 狗主人须知

# 教养狗

## 狗主人须知

布鲁斯·弗格（Bruce Fogle） 著

杜文君 译

上海三联书店

**图书在版编目（CIP）数据**

教养狗：狗主人须知 /（英）弗格（Fogle, B.）著；杜文君译.
——上海：上海三联书店，2023.6重印
ISBN 978-7-5426-4779-5
Ⅰ.① 教⋯ Ⅱ.①弗⋯ ②杜⋯ Ⅲ.①犬—驯养 Ⅳ.① S829.2
中国版本图书馆CIP数据核字（2014）第095859号

**Complete Puppy & Dog Care**
First published in Great Britain in 2008 by Mitchell Beazley,
a division of Octopus Publishing Group Ltd
Carmelite House, 50 Victoria Embankment London EC4Y 0DZ

This Material was First published as *New Dog* in 2008
First published in paperback in 2014
Revised edition 2018

Text copyright © Bruce Fogle 2008, 2014, 2018
Design and layout copyright © Octopus Publishing Group 2008, 2014, 2018

All rights reserved.
Bruce Fogle asserts his moral right to be identified as the author of this work.

中文简体版由 Octopus Publishing Group Ltd 授权上海三联书店出版
版权所有，侵权必究

# 教养狗
## ——狗主人须知

著　　者 / 布鲁斯·弗格
译　　者 / 杜文君
责任编辑 / 李天伟　邱　红
装帧设计 / 孙豫苏
监　　制 / 姚　军
责任校对 / 王凌霄
出版发行 / 上海三联书店
　　　　　（200030）中国上海市漕溪北路331号A座6楼
邮　　箱 / sdxsanlian@sina.com
邮购电话 / 021-22895540
印　　刷 / 上海艾登印刷有限公司

版　　次 / 2022年1月第1版
印　　次 / 2023年6月第2次印刷
开　　本 / 787mm×1092mm　1/16
字　　数 / 180 千字
印　　张 / 11.75
书　　号 / ISBN 978-7-5426-4779-5 / G·1332
定　　价 / 88.00元

敬启读者，如发现本书有质量问题，请与印刷厂联系：021-62213990

# 目 录

# 引言

现在，你正准备要养一只新狗，对吗？你意识到你这是在给自己找麻烦吗？你知道为了这个毛茸茸的怪物，你要投入多少宝贵时间吗？当然极有可能，我说这些都是马后炮，你已经把狗领回家了。当狗用它那双湿漉漉的眼睛把你的生活搅得一团糟的时候，你会不会想，到底什么时候才能再过上正常一点的生活啊？

有些读者知道，我已经写了一些有关狗的书，谈论狗的历史、品种、健康以及营养问题，谈论狗是如何思考的，以及在训练的时候，为什么理解狗的心理活动是至关重要的。我的这些书在世界各国都有出版，所以至少有部分内容会是相当有用的。但是在把《教养狗》的书稿提交编辑之前，当我第一次将书中部分章节以电子邮件发给客户的时候，我就知道这会是一本非常实用的书，特别是对那些准备要领养新狗的人。

本书的书名也可称之为《教养狗主人》，因为书中谈论人的部分和谈论狗的一样多。我接受了7年的兽医训练，但只有后来真正做了宠物医生，才意识到一个显而易见的道理：所有与狗相关的事情，尤其是狗的健康和行为，都与我们人类密切相关。最幸运的狗遇到的会是这样的主人：他们懂得要先在狗身上投资大把的时间，才能享受与狗为伴的种种美妙之处。这也是我为什么决定要为那些准备养狗的人写作本书。你确定狗能够融入你现在或将来的生活吗？如果你的生活能够接纳一只狗，那你想哪个品种的狗才最适合你和你的家人？当你收养一只新生的小狗，或者收养一只流浪狗的时候，你是毫无准备地过一天算一天呢，还是在家里做了预备工作，让狗能够逐步适应家里的环境，融入家庭、社区以及自己的生活中？

我并不羞于承认自己爱狗。做了50多年的宠物医生，我已经满头银发了。我很幸运有一个温馨而亲密的家庭，以及随之而来的各种成就，即便如此，狗的到来还是为我的生活锦上添花。狗的性格中有那种让人充分信任的坚贞与忠诚。狗对自己的情绪是诚实的，有时甚至诚实到令人痛苦。你可以信任狗的诚信，相信它们会说话的眼睛。我想我已经爱狗成痴，因为在我眼里，即使是一只臭气熏天、满身皱纹、四肢僵硬的老狗，也有着天然的尊贵与美丽。

在我做宠物医生的这些年头中，我看到我们和狗的关系越来越紧密。我们越来越从狗那里得到满足的原因是另外的故事，但如果你认为这种友谊是现代西方富裕的产物，那你就大错特错了。所有的人都会被小狗吸引，这是人性使然。1828年，英军的一位陆军少校到访澳大利亚昆士兰海岸附近的斯特布鲁克岛时，看到了一只有着不寻常黑色的小野狗，他非常喜欢，就试图从原住民拉德手中买下来。洛耶少校在日记中写道："我太渴望得到土著男人怀里那只黑色的当地野狗，那是一只非常漂亮的小狗。我提议用一把小斧头跟他换，他的同伴也怂恿他换，他也准备要换了，结果当他看向狗的时候，小家伙伸出舌头舔了一下他的脸，一切就都完了。他摇摇头，决定留下小狗。"

我们都渴望脸上被这么舔一下。这是狗小时候的行为，我们却希望很多狗在成年以后仍然保持这种行为。这么多年来，我自己养的狗没有一只是会舔人脸的。现在和我一起生活的是敏感的豆豆以及她的女儿水果篮梅子。每天早上，她们用来叫醒我的方式，就是用冰凉的鼻子触碰我的手，然后再用舌头快速舔一下。我对梅子的小狗爪完全没有抵抗力。豆豆和梅子都是金毛，全身的毛发就像夏日微风中翻浪的稻田一般呈琥珀色，闪闪发亮。你知道每天早晨被这样诱人的小可爱唤醒是多么幸福吗？更别提梅子刚出生的时候，个头还没有我的手掌大。梅子的父系一支是金毛寻回犬，她完全继承了父辈的"工作"精神，在体力和脑力上都需要得到大量的关注，我将此归因于她的大脑有金橘那么大。但是在气质上她真的就是"回应"和"服从"，回应的时候完全

是本能，根本不经大脑思考；服从的时候笑得傻呵呵的，一脸"我不配"的表情。谢天谢地，帕翠珊一直都在支持我，提醒我有关训练狗的细微之处。帕翠珊白天是我的写作经纪人，晚上则在当地主持一个晚间的狗狗培训俱乐部。40多年来，我不断地将新狗和狗主人推荐给她训练。

出版商们很爱说，针对某个专题，某本书涵盖了"你需要知道的一切"。我很骄傲地说，无论是我、我的出版商、还是帕翠珊，我们都没有宣称本书涵盖了你需要知道的一切。因为涉及到狗的主题时，那种说法很愚蠢。《教养狗》只是一个起步，是指导你和狗如何相处、玩耍的第一步，是你教养、照顾狗的入

门知识。这是一本参考书，你和家里其他人可以一起分享我写的东西。但是，本书并不能取代幼犬培训班；不能取代直接跟狗接触的训犬师，他们会用正面强化的技巧来训练狗；也不能取代宠物医生，他们会指导你有关狗的健康和营养问题。豆豆和梅子给我家带来了太多的欢乐，希望你们也能和我一样享受狗狗们带来的欢乐。

# 养一条新狗的20个要点

**1** 尽早开始训练狗，教狗合群。虽然老年狗也可以学会新玩意儿，但是学得越早，就可以学得越快、越容易。狗的年纪越大，在学习新东西前需要清除的坏习惯就越多。

**2** 训练狗要温和而人道，要使用肯定和激励的方式。训练服从的课程要短而开心，这样你和狗就会觉得训练是一种享受。相反，要是把训练看成苦差事，你和狗都会感到无聊。最好是在训练中使用"寻回""躲猫猫"这类非对抗性游戏，寓教于乐。

**3** 狗在家里是否听话，直接影响到它在户外是否听话。家里分散注意力的因素少，如果你的狗在家不能很可靠地回应你的口令，那么到了外面的花花世界，它肯定不会听你的话。

**4** 别让狗把你或家里其他人看成是"受雇的助手"。别让它把家具看成是它的健身器材。你才是规矩的制定者，而不是你的狗。家里的所有成员在狗能做什么、不能做什么这个问题上要保持一致。要保证狗会有自己的领域可以安静下来。

**5** 熟知居住地的"养狗条例"。各地的养狗条例可能会有所不同，但基本上都会要求为狗装配微芯片感应器，而且狗是在你的控制之下，也就是说，你要给狗戴项圈或者拴狗绳。清理狗便便可能会在条例里，但这也是做一个好邻居的基本素质。

**6** 别让狗在饭桌边乞食，也别让狗吃你碗里的剩饭剩菜。如果你真那么讨厌浪费食物，把剩饭剩菜倒在狗食盆里让它吃。你吃饭的时候，给狗一个美味可嚼的玩具，别让它在桌边蹭来蹭去。

**7** 建立迎接访客的习惯。别让狗往访客身上扑。可以给指令让它坐下，然后奖励它，也可以给狗一根骨头让它嚼。访客也需要知道怎么和你的狗打招呼。

**8** 别让狗用"烦死你"的方式来吸引你的注意力。对于某些狗来说，你责骂它，它就赢了，它得到你的关注了。最好是给狗诸如"坐"（sit）这样的行为指令，它做到了，再把注意力给它。

**9** 不要给出你无法强制执行的指令，否则你就是在训练狗无视你的指令。大多数狗需要不断复习基础课程，尤其在8至18个月它们长成为青少年的时候。

**10** 狗在理解你的肢体语言上是很聪明的。这远比你说什么话更重要。一定要让自己的肢体语言友好、清新，而且非常清楚。

**11** 别不断告诉狗"坐、坐、坐、坐"，这既没效率，也没效果。重复指令不过是在训练你的狗：最初几个指令只是说说而已，不必当真。只给狗一个"坐"的指令，如果它不执行，就慢慢引导它到坐姿，然后给予奖励。

**12** 避免给狗复合指令，例如"坐下"（sit down），狗会很困惑。要么说"坐"（sit），要么说"趴下"（down）。"坐下"（sit down）这个指令不存在。

**13** 不要大声给狗指令。即便你的狗特别独立，或者不听指令，你的声音在发出服从指令时，也应该是冷静而有权威，而不是恶劣又大声。

**14** 在责备狗不听指令前，先要确定狗是否真的理解你要什么，知道怎么遵行，是否因为害怕、紧张或是困惑而不听话。

**15** 正面使用狗的名字，而且只用一个名字。在训斥、警告或惩罚时，不要叫狗的名字。你的狗要知道，当它听到自己的名字，或者你叫它的时候，好事就要来了。它对自己名字的反应，应该充满热情，而不是犹豫或害怕。

**16** 好的激励训练基于好的沟通交流。事后惩罚不起作用。避免和你的狗"冤冤相报"，例如，你不在家时，狗把屋子弄得一团糟，还咬坏了东西，你就把狗关一个长禁闭。

**17** 训练狗时，不管是表扬还是纠正狗的行为，掌握时机很重要。狗做对了的时候，要马上进行奖励。要随身携带小块美味的狗点心。当你和狗逐渐建立起亲密关系后，你对狗的口头表扬就和奖励它零食一样有效。

**18** 训练狗时，不要让其他狗在旁观摩。另外那只狗不仅会分散你和狗的注意力，你的狗同时也在积极学习怎么无视你的手势和口令。参见正文85页"老布贴士"。

**19** 教会狗知道你想要什么，而不是你不想要什么。要是狗表现错了，别理它，更不要吼它。例如，不要在狗扑到你身上时大声训斥它，把它从你身上推下去。否则，狗很有可能会重复这个错误行为。

**20** 控制好你的情绪。绝对不要在自己疲惫、不高兴或是没耐心的时候训练狗。要赢得狗的尊重，靠的不是呵斥、棒打，不是粗暴的方式。恐惧和紧张会影响狗专注和学习的能力。

# 第一章
# 选狗篇

# 什么是狗?

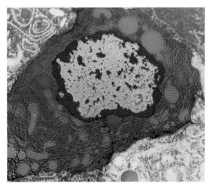

*线粒体——皮肤细胞中细长的橘色部分——含有独特的孕体DNA。*

狗就是狗,没什么别的意思。你可能会认为,狗是至情至爱的"身上穿着毛皮大衣的小人儿",有一些令人讨厌的生活习性,还有可怕的个人卫生习惯。研究进化论的生物学家可能会认为,狗是古老的亚洲狼繁衍出的辉煌成功的后代。而动物行为学家则会认为,狗可能是犬科动物类中最成功的物种,同时继承了该种类动物的行为范围与行为局限。但对我来说,狗就只是狗,一个独特的物种,有着非凡而无与伦比的能力来理解人类,会和人类和睦相处。

## 狗起源的基因证据

狗类的基因图谱是在2006年完成的,但在那之前的DNA研究已经在解答如下问题:什么是狗,狗是从哪里起源的,以及狗是如何演化的。

线粒体是远古的结构,存在于所有活体细胞中,有着自己的DNA。线粒体DNA通过家族中的女性成员代代相传,每一条DNA都有独特的记号。通过研究狼和狗的线粒体DNA,遗传学家得出的结论是:这两种动物是在4万到10万年前才演变成不同种类的。大部分专家估算我们人类和狗的关系大概开始于1.5万年前。考古学的证据也证实了这个估算。如果真是这样的话,那就说明产生"狗"的遗传事件早在它和古代人类生活在一起之前就已经发生了。

## 早期选择性繁殖

狼和狗有着几乎相同的DNA,而理所当然地,这两种生物的交配可以繁殖出健康的下一代。即使说不清楚究竟是在哪一年,狗从狼类中分离出来了,但在最初的时候,狗确实是家养的。而在一个只知道"不战斗,毋宁死"的狼族生物反馈机制中,狼和狗分离只需要一点点的变化,这点变化至关重要。因为这一点点的变化,使得正在演化中的狼进入到了一个还未被其他狼群所探索的环境中,也就是人类的生态系统,它们刨食人类的垃圾粪便,捕食其他被人类食物吸引过去的小动物。在这个新环境中,它们不会受到其他大型动物的威胁,因为人类已经进行了清场。这种"狼狗"适应了新的环境,最终体型开始变小,牙齿变多,头骨上的前鼻窦还莫名其妙地变大。而且——虽然我很抱歉,却

*远在㹴犬出现以前就已经有了小型安慰犬。今天,大多数的㹴犬被重新用作伴侣犬。*

又无法否认——它们的大脑也几乎缩小了1/3。

## 培育做帮手

有些小狼狗很有可能被人抓住了。它们中的大多数成了人们锅中的美食,但那时的小狼狗宝宝的优秀表现和现在并无二致。我们人类也没变。即使现在来看,有着远古习俗的古人也对狼狗宝宝的样子着迷。只是当它们长大以后,人们才不再在

我们会对可爱的小狗做出本能的反应。这只新几内亚的小土狗被打扮成家庭一员。

加以及城市化这些综合因素，才导致为了狗毛的颜色和长短、为了赶时髦、为了追求美而选育狗。到了1800年代，犬类有了系统性的登记，并形成了今天的犬业俱乐部，为的是保证世界上几百种犬类的遗传纯度。对许多人而言，一只没有登记在册的非纯种狗——俗称"杂种狗"——是不够时尚的。

## 狗和我们

狗成为我们最好的朋友和最流行的伴侣动物，原因很简单。狗比其他任何动物，包括所有的灵长类动物，更会读懂我们的意图。他们是敏锐的观察家，他们很快就能学会了解我们想做什么，我们想要什么，我们渴望什么。狗与我们心灵相通。狗的体型和长相的差异比任何其他家养动物和野生动物都要丰富，但是无论狗长得什么样子，也无论育犬师如何津津乐道于自己所培育的犬种，所有的狗身上的共性都要大于差异性。狗是独特的。狗就是狗。

乎它们，甚至虐待或吃掉它们。某些可能很合群、很聪明的小狼狗会生存下来，得以繁衍。它们有着敏锐的听觉和嗅觉，成了有用的警卫，提醒人们潜在的危险。有些有着追踪和攻击的本事，会陪着人去打猎。这些狗中最优秀的那些会被允许繁殖，而繁殖权现在则掌控在我们手中。

人类干预了狗的自然繁殖，所以有了现代狗。约7000年前，人类繁殖出了线条优美、行动快速的猎犬；约5000年前，繁殖出了大量的狗战士和狗卫兵，以及小型的安慰犬；1700年前，繁殖出了慢悠悠的短腿猎犬。约1300年前，繁殖出了寻回犬和水中猎犬，并且在100年后，今天㹴犬的祖先"地犬"（earth dogs）才在欧洲出现。

2005年发表的DNA研究揭示出，每4只狗中，就有3只的祖先为同一只母狼。在给定的4小群古犬种中，有3组会加入其他的狼基因。所有后来的犬种都是在最近300年从这些古犬群中繁衍出来的。

## 为时尚而生

大多数狗的出生，要么是自然繁衍，要么是因为实用性而被繁殖。有人认为，2000多年前的中国宫廷中，已经有了为赶时髦而繁殖的狗，现在京巴犬的祖先，就是那时选育的。也有人说，欧洲的猎犬、指示犬、寻回犬也是为了赶时髦而培育出来的，因为它们的狗毛颜色特殊。然而直到1700年代，因为财富、休闲时间的增

## 老布贴士：短尾狗

看到像㹴犬和迷你雪纳瑞这类狗，我们已经很容易习以为常了，会想当然地以为，它们和许多其他狗一样，是短尾狗。这不是很有趣吗？我们到底是为什么要把它们的尾巴剪短呢？剪短狗的尾巴，就像有些人喜欢反戴棒球帽一样，是一种文化现象。这种习俗源于一个差不多有2000年历史的信念，即剪去小狗的尾巴可以预防狂犬病。这种

赶时髦的习俗在19世纪的德国达到疯狂的状态，有各种各样的工作犬种，诸如雪纳瑞、拳师、杜宾以及罗威纳等，都被剪去尾巴（经常也被剪去耳朵）。我能不能站在狗的立场大声呼吁让它们现在依法保留自己的尾巴？尾巴既是狗用来平衡身体的，也是它们用来和其他的狗以及我们人类进行交流的工具。狗狗们会感谢你们保留它们的尾巴，保证它们可以使用其与生俱来的功能。

# 狗通人性吗？

直到不久以前，许多神经学家还认为，只有人类才有意识，你也这么认为吗？你也和这些科学家一样，觉得狗不能够获取信息并且记住，然后读取并且使用这些信息吗？有些人还争辩说，狗没有诸如快乐或悲伤、嫉妒或愤怒、满意或沮丧之类的个体感受。这是真的吗？狗真的只对外界刺激有反应，而不能感受到我们人类所有的情绪吗？

我们能在狗的眼睛里，看到属于人类的感情和情绪。我们认为自己能够理解它们的想法。

## 意识之根

人们在大脑中发现了最重要的解剖学线索：你和你的狗，你们两个分享同样的感受。大脑研究不断揭示，情绪不是来自人类大脑最发达的部分——大脑皮层，而是来自大脑最原始的离散区域（专业术语叫作"亚新皮层边缘区域"）。所有哺乳类动物的大脑中都有这块区域。

对这部分大脑的研究表明，你和你的狗具有相同的基本情绪网络，由7个不同的系统组成。对人脑和狗脑所做的类似解剖研究揭示了进化的常识：这些情绪系统是基于相同的原因而出现在这两种生物中的；大脑中的神经化学活动是所有情绪的基础，它在你和你的狗身上都是存在的。这些情绪系统最终形成一个反馈系统，告诉你或者告诉狗，到底是开心还是不开心。

## 渴望奖励

吸毒者吸食的某些毒品成分类似大脑中被称为"神经递质"的化学成分，其他一些毒品也会刺激大脑分泌同样的神经递质。

体育锻炼也能促使大脑释放令人兴奋的化学成分。例如，我儿子本，他很喜欢体能挑战项目，会参加7天穿越撒哈拉沙漠的马拉松活动，或是在大西洋中划船。他得到的奖励就是大脑释放出多巴胺这种神经递质，让他产生快感。本的狗，名字叫玛吉，是一只边境牧羊犬和拉布拉多犬的混

很多人以为，这只狗在"亲吻"主人。对我们来说，狗舔我们的行为就是亲吻；而对狗来说，舔更多是一种情感上依赖的信号。

## 攻击行为的梯级

　　狗会用微妙的方式告诉你，它们很担心，开始的时候只是舔鼻子或者打呵欠，接下来层层加码，直到别无选择，只能撕咬。所有的狗主人都应该了解，狗是怎么表达潜在的害怕型攻击的。

| |
|---|
| 打呵欠，眨眼，或者舔鼻子 |
| 扭头避免眼神接触 |
| 扭身子，坐着或者脚爪抓地 |
| 走开 |
| 耷拉着耳朵爬开 |
| 夹着尾巴站着 |
| 翻肚皮躺下，后腿高举做投降状 |
| 身体僵硬，锁定目标 |
| 咆哮 |
| 突袭 |
| 撕咬 |

*狗在和我们一起活动时兴致勃勃，全神贯注。它们让我们觉得自己很重要。*

种狗。如果给这只狗机会，它就会追着网球跑，抓住球再送回来，一直累到精疲力竭，因为这种"追赶"活动类似于受多巴胺驱动的活动。

### 害怕和恐慌

　　最难处理的狗的情绪，就是害怕和恐慌。无法控制的害怕和恐慌，会让狗变得具有攻击性或破坏性。分离焦虑症，是刚被收容的流浪狗身上最常见的问题。近来的研究显示，人的"悲伤"情绪，与其他动物的"分离焦虑症"，都来自于大脑中相当类似的区域。熟悉幼犬的人都知道，人的爱抚会减轻小狗离开狗妈妈的悲伤。神经学家发现，抚摸会令大脑释放一种叫作内啡肽的化学物质。狗在生物属性上和人一样需要爱抚。抚摸是一种有效的奖励，最易于用在训练当中。

### 活在当下

　　狗有非常丰富的精神生活，比我们有些人所愿意接受的还要丰富。但狗似乎没有去"退一步想"的能力，无法反思这些情绪。例如，一只落单的狗，不会有意识地去思考做什么反应或决定才是最好的：它完全活在当下的情绪里。这使得我们对狗负有更大的责任。

### 狗主人的责任

　　如果我们承认，动物确实有着丰富的精神生活，也有诸如快乐或悲伤这样的情绪，那么我们就有责任要保证它们的精神生活和物质生活一样丰富。一只狗，需要像狗一样自然地生活，需要像一只天生的狗那样行动，就像任何一个有情绪的个体一样。狗的情绪不如我们人类的复杂，但最基本的几种类型是类似的。如果你觉得收养一只新狗，只是为了给家里增添一点休闲娱乐，那么请你三思。狗是家里的新成员，有着自己完整的情感生活。狗会和我们分享它的感受，而我们则像它的"父母"，有责任让它生活无忧，远离压力。

# 什么是狗缘？

*"理想"的狗，就是在我们挑狗的时候，那只静静地等着和我们互动的狗。那是冥冥之中注定的。*

我猜想，你已经有自己的生活。有工作？有家庭？有自己的爱好？我打赌，你也喜欢去度假。现在你想要一只狗。你问过自己为什么想要吗？你是想要它看见你时就摇尾巴，盯着你时眼里充满爱，还会和你一起去散步？它可能会在你家里随处乱啃，在花园里四处乱刨，会疯狂地迷恋上你最好朋友的膝盖，或者会傻傻地从陡崖上跳下去，只是因为它没搞清楚这是件蠢事。这些你都想过吗？诚实的爱狗人会考虑到所有这些情况。

### 需要"被需要"

需要"被需要"，这是人类独有的欲望。绝大部分其他物种，对做父母及养育下一代的需要是暂时的，只在生育后一段有限的时间内。对狗来说，也就是不到6个月的时间。而我们人类则不同，我们的需要是终生的。对女人来说，这种需要实际上贯穿她的一生；而对男人来说，这种需要在生命早期潜伏着，直到他对诸如权力、控制欲等需要消减之后才开始凸显。有些人通过园艺来满足这种需要，而有狗缘的人则通过真诚地爱狗来获得满足。

### 养狗需要时间

无论是自己养狗的经验，还是朋友分享的经验，或者是通过读书，有狗缘的人知道，养狗会占用时间。你无法想象，养一只新狗需要花费多少时间！等狗长大一些，能够融入你的生活之后，你才会重新拥有自己的生活。而

一只新狗是需要投入时间的，你要训练它，和它一起运动，和它一起玩儿，带它去洗澡，给它梳理毛发，还要担心它是否会生病。对有些人来说，养狗完全是在浪费时间。而对有狗缘的人来说，养狗让他们的日子过得心满意足。

### 养狗脏兮兮

有些神经质的狗讨厌把自己弄脏或者弄湿，但为数很少。但凡是只狗，一般都会喜欢啃泥浆、刨土坑、在雪地或者泥塘里打滚儿，甚至在最恶心的便便上打滚儿。此外，狗有毛，狗毛不仅会脏，还会滋生寄生虫；狗也会掉毛，我们可能会对狗毛过敏。狗自身的味道，还有狗在粪便或脏物上打滚后沾染到的气味，挥之不去。有狗缘的人会接

受狗的奇怪习性，有些人甚至会对狗的行为惊奇不已。还有少部分人认为，和狗生活在一起这件事，为他们在自然界设定了一个独特的旁观者席位，使他们成为自然的观察者。

### 养狗占地方又花钱

狗可能对我们是有用的，我们可能对狗也是有用的，但养狗的花费比你想象的要多。狗的食物、日常开销、假日寄宿、宠物体检以及健康保险，林林总总，加起来大概每天就是一杯咖啡的钱，但12年累计下来的花费可能就高达5位数了。

养狗也很占地方——既需要屋子里的空间，也需要你情感的空间。在小屋子里养只狗不算难，但要你在情感

### 老布贴士：你适合养狗吗？

如果你不确定自己是否算是有狗缘的人，参观一次狗的训练课程就可以知道了。训犬师是一群独特的有狗缘的人，可以称其为"狗痴"。他们不是你要考察的对象（但可以和他们讨论有关狗的问题）。你要观察的，是那些带狗来上课的人。他们才是真正的有狗缘的人，他们愿意在金钱和时间上对狗进行投资，为的是改善自己和狗相处的关系。如果你觉得自己和他们有相似之处，和他们相处愉快，那你就是一个潜在的有狗缘的人。

*有狗缘的人都明白，小狗和成年狗是两种完全不同的动物。*

老布问答

**公寓适合养狗吗?**

当然适合。别墅和公寓养狗的区别在于你带狗出门是否容易。狗的体型并不是决定因素，狗对运动的需求也和狗的体型无关。有些大型狗对运动的需求比小狗要少。狗可以在公寓里度过完美的一生，只要每天可以出门几次，满足它上厕所、运动以及和其他同类社交的需求即可。

上也付出就是个事儿了。当我们以前的狗美茜近乎失明时，我和妻子每天的对话，就是以"美茜今天过得如何?"开始的。狗狗们会拨动你的心弦。

### 狗的年龄很重要

你养狗时狗有多大，这会影响狗的行为。12周以内的小狗宝宝最容易训练，大点儿的狗则已经有了自己的习惯。成年狗的习惯已经定型，训练意味着要改掉旧习惯，重新学习。所以，只有有狗缘的人，才可以领养收容所里的流浪狗。养狗新手最好收养8周以内的小狗，在狗宝宝还懵懵懂懂的时期，给它一个月的时间来适应新家。有狗缘的人都懂得，发情是狗生命的一部分，狗的各种表现都受到性荷尔蒙的影响，所以早期的绝育有利于狗的一生（参见19页）。

### 有狗缘的人很实际

不管狗有多么可爱，狗主人对狗的期望和实际上与一只调皮捣蛋的小狗生活在一起的现实之间，总是会有差距。有狗缘的人知道，狗的生理成熟期远远早于心理成熟期，有些小狗从来都长不大（例如拳师犬）。但是它们也知道，大自然可以发生很多神奇之事：假以时日，给予适当的鼓励，小狗终有一天会成为一只可靠、忠诚、坚贞而又稳定的狗。这是进化的奇迹。

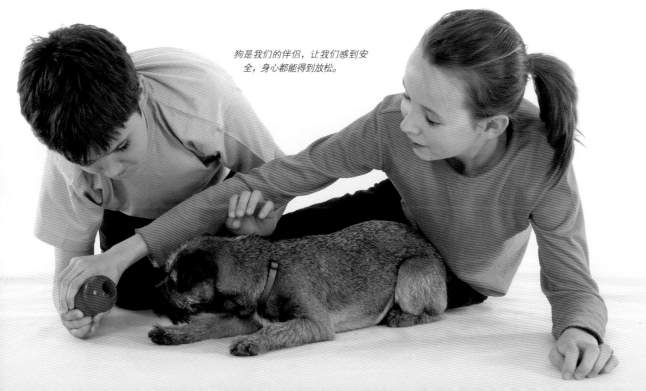

*狗是我们的伴侣，让我们感到安全，身心都能得到放松。*

# 什么是犬种？

你可能会批评我的音乐品位，也可能不认可我最喜欢的运动队。你对我度假的想法会说三道四，甚至对我选择的配偶也会评头论足，但你绝对不能对我的狗稍有微词，也绝对不能嫌弃我的狗的品种。狗主人对他们的狗完全缺乏幽默感，不能忍受别人嘲笑他们的狗。我知道，你挑选一只狗，可能是因为这只狗像杜戈尔（Dougal，忠诚的典范），或者它的叫声让你觉得好像你叔叔在咳嗽，又或者这只狗让你想起了你刚刚死去的绣球花。但万一你选狗的时候注重逻辑条理，下面会是一些有用的信息。

## 品种繁多

世界上可供我们挑选的犬品种大概有 400 多种，只占 6 亿多只犬中的一小部分。大部分狗都是两种或两种以上品种的混种狗，或者是没人知道其祖先到底是什么品种的混种狗。后面这类狗被统称为"混种狗""串种狗"或"杂种狗"，法国人干脆称之为"混账狗"。纯种狗对人类来说可能很好，因为我们可以了解那种狗的生理和心理状况通常会是怎样的。但纯种狗对狗本身来说并不好，因为"纯种"这个定义就意味着狗的基因库被关闭了，无法导入新的遗传物质。一旦某个狗的品种得到犬业俱乐部的承认，那就只有使用那个俱乐部登记过的狗进行繁殖。这种做法可以维持狗的长相不变，但会增加由封存基因库而带来的对基因潜在的损害。诸如髋关节发育不良、眼盲、心脏病、皮肤瘙痒这类遗传性疾病，在纯种狗身上更为常见。挑选纯种狗的时候，一定要了解你所选品种的遗传基因问题。如果你只是对狗的行为感兴趣，那么所有的狗大致可以分为三种：一种是和人类通力协作的，一种是特立独行的，再有一种就是不太爱运动的。

## 你在找什么狗？

你为什么要选某种狗呢？熟悉这种狗是个很棒的理由，因为你可以预期狗的表现。但是，你小的时候见到的犬种和你今天见到的同一个犬种，

## 狗是怎么分类的？

犬业俱乐部在成立之初便根据狗的用途（例如，狩猎还是放牧）将所有纯种狗做了分类。狗的用途在各个国家有所不同，所以分类也会相应有所不同。例如，"腊肠狗"（Dachshund）听起来像是"猎狗"（hound），所以腊肠狗在英国和美国都被归入猎犬一类，但在其他国家则是一个单独的种类。

| 英国 | 北美 | 欧洲 |
| --- | --- | --- |
| | | **1** 狐狸犬和原始犬类 |
| **1** 猎犬 | **1** 猎犬 | **2** 气味猎犬和相关犬类 |
| | | **3** 视觉猎犬 |
| | | **4** 腊肠犬 |
| **2** 工作犬和瑞士牧牛犬 | **2** 工作犬 | **5** 平犬，雪纳瑞，獒犬 |
| **3** 㹴犬 | **3** 㹴犬 | **6** 㹴犬 |
| **4** 玩具犬 | **4** 玩具犬 | **7** 伴侣犬和玩具犬 |
| **5** 枪猎犬 | **5** 运动犬 | **8** 寻回犬，激飞猎犬 |
| | **6** 非运动犬 | **9** 指示猎犬 |
| **6** 畜牧犬 | **7** 放牧犬 | **10** 牧羊犬和牧牛犬（瑞士牧牛犬除外） |

狗的体型越大，你在狗粮、兽医以及狗舍上的费用就越多。

狗的行为表现可能会不一样。你选狗是为了狗的长相吗？那么想想看，自己会有多少时间可以投资在狗的长相上。你选狗是为了表现自己吗？你是想选个与众不同的品种，告诉众人你自己也是与众不同的吗？对自己诚实些，想想你为什么会喜欢某种狗，还有这种狗是否适合你的生活方式。

## 体型和性别

狗王国有条简单的规则。母狗要比公狗容易养很多。它们不会把狗腿到处蹭来蹭去，也不会偷踩到泥泞之处，将狗爪印上"爱""恨"的印记。为母狗做早期绝育，对某些品种而言，可以延长狗的寿命。给公狗绝育虽然不能延长寿命，但差不多总会让狗更易于调教，这特别有利于新手狗主人。体型的主要问题在于费用，大狗的医药费可能是个天文数字。在挑选狗时，要看狗是否要求主人精力

充沛，以及当地的运动场地情况，而不是只考虑狗的体型。一只巨型长毛狗，在一个小空间里可能让人感觉温馨，但是只要它有了足够的运动，剩下的问题就是你是否愿和一个巨物一起生活了。

## 时间、时间、时间

想想你接下来要投资给狗的12至15年时间吧。有些品种的狗需要更长的训练时间，有些需要更多的运动。有些狗寿命要短些，需要你在情感与时间上有很大的投入。一只新狗需要占据你大量的时间，这一点，我怎么强调都不会过分。在大部分人的心目中，狗总是在那儿，稳定可靠，是家庭中的真正一员，但他们低估了训练狗所需要投入的时间。

# 拉布拉多犬（Labrador Retriever）

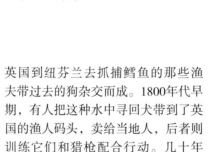

举止安静，个性快乐。

"长大？我？长大？"拉布拉多犬是北美、澳大利亚和英国最受欢迎的犬种，数量相当大，且持续受到好评。这些多情的狗要好几年才会长得成熟些，而且有很多拉布拉多犬（如果不是大多数的话）甚至永远都长不大，就像彼得·潘一样，一辈子都是个快乐的少年。有人会说它们"友好而憨厚"，但更为准确的说法是，这类狗具有"杯子半满"的乐观心态，生活中总是充满正能量，不看负面。

## 天生的戏水犬

拉布拉多犬生来就喜欢湿漉漉的特性，可以追溯到其在加拿大纽芬兰省的祖先身上。没人知道圣约翰水犬或是小型纽芬兰犬是怎么出现的，可能是从葡萄牙、巴斯克、爱尔兰、英国到纽芬兰去抓捕鳕鱼的那些渔夫带过去的狗杂交而成。1800年代早期，有人把这种水中寻回犬带到了英国的渔人码头，卖给当地人，后者则训练它们和猎枪配合行动。几十年后，这些狗的贵族主人们成功地培养

## 对狗的预期

### 性格

拉布拉多犬对待生活的态度相对轻松，精力特别充沛，尤其在年幼的时候。它们对诸如小孩子的行为这类不可预期的事情可以处理得很好，富有感情，也会经常要求主人回报感情，甚至会用一种哀怨的眼神来打动你。拉布拉多犬相比多数犬而言，较少有企图心，不太可能要支配你，和其他狗在一起也很放松。但是，它们可能是糟糕的看门狗。

### 健康

拉布拉多犬有多达25种遗传疾病，其中髋骨和肩肘的问题是常见病。所有声誉好的育犬师都会检测这些问题，并检查遗传性眼疾的情况。免疫系统的问题，如皮肤过敏和肠道过敏，也更为常见。拉布拉多犬也可能患有遗传性癫痫病。有些狗比其他狗更容易患上致命性的癌症，比如淋巴癌或血管肉瘤。

### 时间花费

拉布拉多犬会掉毛，会掉很多毛！一年到头都是如此。它们常常喜欢摇尾巴，非常喜欢！而且还是在茶几边！它们不是成心想碰掉茶杯，也不是要用尾巴打老人家，但它们就是这么做了。除非你的家具、睡袍颜色和你家的狗颜色一样，否则你就会发现，你需要花费很多时间做室内清洁。拉布拉多犬吃得也多，很多！要是允许的话，它恨不得一天24小时都吃个不停。除非你盯着，不让它看见什么就吃什么，否则，你的狗就会长成一个圆滚滚的、毛皮闪亮的、肉鼓鼓的大块头，你就得花时间陪着它去散步，好把那身肥肉消耗掉。

别让左图那只看起来安安静静的小狗把你蒙骗了。你该期待的拉布拉多犬是：因为勤于运动而精悍、肌肉强健、活力四射。拉布拉多犬显然有着用不完的精力。

**适合养狗新手的品种：**

骑士查理王猎犬
诺福克和诺威奇㹴犬
（Norfolk and Norwich Terriers）
迷你雪纳瑞
拉布拉多犬
金毛寻回犬
约克夏㹴犬

离茸毛。拉布拉多天生喜欢游泳，即便戏水的地方只不过是一个灌满水的车辙，这样的毛层结构是再理想不过的。

## 酷爱摇尾

拉布拉多犬生来就喜爱取悦别人。它们的表现一般很镇定，稳重而成熟，善于倾听，训练时服从性好，但也要对它们会时不时有力地甩打尾巴有准备。如果你在抚摸一只拉布拉多犬的头时，它以双倍的速度和幅度甩尾巴，就表明你遇到了一只精力充沛的狗，它这辈子的口头禅就是："我！我！我！看我这只快乐的、笑哈哈的狗呀！"

出一种新型的运动犬品种，叫做拉布拉多犬，并有了在全英国通行的书面标准。20世纪后期，拉布拉多犬的活动场所从野地转到了我们的沙发上。不管狗主人是美国总统、俄国总统，还是法国总统，也不管狗主人的家族是瑞典皇家、英国皇家，还是丹麦皇家，拉布拉多犬总是把自己弄得湿漉漉的，然后再把自己身上的水抖落到主人身上。

### 表演犬和工作犬

挑选拉布拉多犬的时候，一定要看一下狗的家族史。虽然大多数该品种犬都被培育成表演犬或伴侣犬，但也有很大一部分是为了打猎或者野外追踪的目的而培育的。后者的个头更瘦小，但精力更充沛，一般会要求更多的时间来满足其更多的运动需求。

### 颜色差异

基因测试的方式，可以在培育拉布拉多犬时，确定新生小狗的颜色，甚至还能测出奶白色或是巧克力色的狗会有一个深颜色还是浅颜色的鼻子。育犬师说，虽然差异不明显，但奶白色的狗在独自一人的时候会比巧克力色的狗更有破坏性，或者更会怨声连连。拉布拉多犬的毛皮有一层柔亮的保护层，其下是密实而防水的隔

## 基本资料

| | |
|---|---|
| **身高：** | 55—62厘米（21½—24½英寸） |
| **体重：** | 25—36千克（55—80磅） |
| **寿命：** | 12.6岁 |
| **最初用途：** | 枪猎犬 |
| **产地：** | 加拿大/英国 |
| **颜色：** | 黑色，黄色（白到红之间的颜色），巧克力色（深浅都有） |
| **兴奋度：** | 2—9 |
| **可训度：** | 8 |
| **吠叫度：** | 4 |
| **爱玩度：** | 8 |
| **掌控欲：** | 3—6 |

| | |
|---|---|
| 75厘米（29¼英寸） | |
| 50厘米（19½英寸） | 成年狗 |
| 25厘米（9¼英寸） | 小狗 |
| 0 | |

# 德国牧羊犬（German Shepherd Dog）

拉布拉多犬（参见20－21页）大概是盎格鲁－撒克逊世界中最受欢迎的品种，而专横的德国牧羊犬则占据了除此之外的世界。即使在英国和美国，它也总是排名在前10位。在世界范围内，它们的数量以百万计，全部都是德国北部一小群农场工作犬的后代，而这一切都归功于才华横溢的马克斯·冯·斯蒂芬尼兹（Max von Stephanitz），他可能是史上最伟大的养狗专业户和狗品种推广专家。

## 完美的牧羊犬

想象中的德国牧羊犬，和真正遇见的德国牧羊犬，常常是大不一样的。在我心里，没有哪种狗会比工作可靠的（通常是长毛的）德国牧羊犬更好了：容易训练，非常服从，喜欢玩耍，对孩子友善让人放心，被戳戳碰碰时也不发脾气。好的德国牧羊犬就该是这样的。但很不幸，我看到更多的德国牧羊犬的表现是紧张、担忧、警惕、紧跟着人，是胆小的狗，每当有陌生人靠近，会因为畏惧而攻击人。这真是让人遗憾。

## 超凡的推广

在110多年前，马克斯·冯·斯蒂芬尼兹用德国北部及邻近的比利时与荷兰地区的牧羊犬种，培育出了现代的德国牧羊犬。在上述那些国家和地区，现在还有7种受到认可的牧羊犬，这可以让你准确知道当时他尝试了几种狗的品种。

一战爆发的时候，他向德国军队免费提供他培育出的狗。很快，德国军队就淘汰了其他曾经使用的狗——大多是外国的品种。到战争结束的时候，有4.8万只德国牧羊犬服役，担任守卫、送信，甚至是传送电话线的工作。有些狗被英国、北美、澳大利亚和新西兰的士兵抓住或者买去。战争结束后不到一年，德国牧羊犬就遍布全球。

一战后，在反德的英国，德国牧羊犬被更名为"阿尔萨斯犬"（Alsatian）。尽管英国在35年前就采用了国际通用名，但还是有很多人愿意称之为阿尔萨斯犬。

## 进军好莱坞

在美国，看上去高贵的德国牧羊犬得到了好莱坞的青睐。通过勇犬强

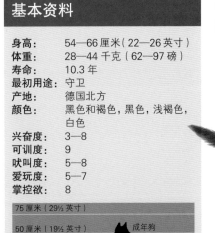

## 基本资料

| | |
|---|---|
| 身高 | 54—66 厘米（22—26 英寸） |
| 体重 | 28—44 千克（62—97 磅） |
| 寿命 | 10.3 年 |
| 最初用途 | 守卫 |
| 产地 | 德国北方 |
| 颜色 | 黑色和褐色，黑色，浅褐色，白色 |
| 兴奋度 | 3—8 |
| 可训度 | 9 |
| 吠叫度 | 5—8 |
| 爱玩度 | 5—7 |
| 掌控欲 | 8 |

| 75 厘米（29⅓ 英寸） | |
|---|---|
| 50 厘米（19½ 英寸） | 成年狗 |
| 25 厘米（9¼ 英寸） | 小狗 |
| 0 | |

*狗小时候，它的一只耳朵、甚至两只耳朵会暂时呈下垂状态。*

像图中这样的成年犬一般可以在狗狗救援中心找到。

**适合喜欢活动、和狗互动多的狗主人的品种：**

德国短毛指示猎犬
拉布拉多工作犬
英国激飞猎犬
可卡工作犬
澳大利亚牧羊犬
比利时牧羊犬
德国牧羊犬
纽芬兰犬
边境牧羊犬

强和神犬丁丁的银幕形象，德国牧羊犬在人们心里成为可靠、忠实、有安全感和忠诚的象征。德国牧羊犬的数量可能有小小的下降，但是在最近60年间，它一直是世界上最受欢迎的守卫犬。

## 训练至关重要

不管叫什么名字，这种狗极度需要对命令的服从训练。训练得好（而且也容易训练），它们就会在搜救、缉毒、守卫、导盲的工作中表现非凡，会成为人类家庭中一只漂亮的狗。要是没有训练，它们就会成为大问题，因为这种狗在本性上会对别的狗具有攻击性，而且有想要控制你的企图心。

## 对狗的预期

### 性格

在抱养躲在角落里那只怯生生的小狗之前，一定要三思。德国牧羊犬的破坏力在狗中名列前茅。分离焦虑症（参见 156–157 页）在收留的流浪狗中也相当常见，它们重新布置房间的速度让你来不及说"宝贝，我再也不把你单独留在家里了"。神经质的牧羊犬只不过是一只特别帅、特别大的哈巴狗，它们真正渴望的，就是坐到你腿上让你抱，而且会一试再试。

### 健康

尽管髋关节发育不良在该品种中是常见病，但后腿的退化性脊髓病变才是它们相对短命的重要原因，发病率大概是 50 只狗中有 1 只会得此病。牧羊犬还易受遗传性消化不良以及由于免疫介导欠佳而引起的肛门部位剧痛的影响。

### 时间花费

无论是长毛还是短毛，牧羊犬都会大量掉毛，但掉落的多数是粗毛，很容易用吸尘器处理。训练很容易，但是需要持续不断。带狗出去活动时要保持警觉，不要让你的狗攻击别的狗，也要防止别的狗过来惹你的狗。生病的事是常有的，这没办法。要找到合适的狗粮会花些时间，还要花时间带狗做足够的运动，因为狗的大脑和身体都需要运动。

# 英国可卡犬( English Cocker Spaniel )

新手狗主人要注意了，因为这种狗的叫法在各国会有所不同。在英国和欧洲，它就叫"可卡犬"。但在世界上其他地方，这个名字表示的是其成功繁衍的后代，是完全不同类的狗。再让你头昏一些好了，英国可卡犬实质上是同一个犬业俱乐部中的两种完全不同的品种，一种是"表演"可卡犬，还有一种是"工作"可卡犬。它们看上去就不太像，而且各自的行为表现也不同。

*这种浅褐色和白色的毛会随着年龄而转深。*

## 狗味浓浓

所有的可卡犬都是爱心狗啊！它们对人和其他的狗都很友好，总是准备好要献出爱心，其实是需要别人献爱心给它啦。可卡犬是英国第二受欢迎的犬种。它们会把家里弄得又是水又是雪和泥，它们下垂着的下唇很容易受到感染，让人闻起来就像是烂鱼味儿。可卡犬的毛层很厚，容易得各种皮肤病。结果就是它们的毛中会积聚皮屑、花粉和孢子粉，这对家里有花粉过敏症的人可不是什么好事儿。就作为家里的第一只狗来说，它很好养，但需要定期洗澡、美容，好让它没那么大的狗味儿。

## 工作可卡犬

工作可卡犬的培育和表演可卡犬的培育完全不同，尽管有时可能有些混合。这种犬体型更小，也没那么圆头圆脑的，耳朵短，精力充沛，生来就是要工作的。它们是从200多年前英国西南地区训练用于捉鹬的犬种培育而来，至今和祖先在脾气禀性上仍很接近。就跟它们的表演犬同类一样，工作可卡犬也总是希望获得关注，它们通常更为活跃、更容易训练，同时也需要更经常、更有规律地在心智和体能上加以调教。相较表演犬而言，工作犬的毛发要稍少一些，因此可以不用那么勤快地给它美容。

## 对狗的预期

### 性格

你要投入极多的爱心，而且要知道此种犬具有多重性格：诸如金色、红色或黑色的纯色狗极易表现出霸道的"狂怒综合征"。

### 健康

可卡犬得心脏病和癌症的概率要低于平均值，但由于患上免疫介导性疾病的概率极高，该犬的寿命要低于平均值。

### 时间花费

训练很容易，但要花费很多时间给狗美容，也要花费不少时间造访宠物医生。工作可卡犬比表演可卡犬的日常运动量要大些。

## 基本资料

| | |
|---|---|
| **身高：** | 38—41 厘米（15—16 英寸） |
| **体重：** | 13—15 千克（29—33 磅） |
| **寿命：** | 12.5 年 |
| **最初用途：** | 枪猎犬 |
| **产地：** | 英国 |
| **颜色：** | 30 多种不同颜色 |
| **兴奋度：** | 5—8 |
| **可训度：** | 5—9 |
| **吠叫度：** | 6 |
| **爱玩度：** | 5—8 |
| **掌控欲：** | 4—10（多重性） |

50 厘米（19½ 英寸）

25 厘米（9¾ 英寸）

0

成年狗

小狗

# 美国可卡犬（American Cocker Spaniel）

*浓厚的毛发需要每天打理。*

1930年代，美国的可卡犬培育者从英国可卡犬俱乐部分离出来，想要培育有质量的工作犬。这样，原来的犬业俱乐部就可以心无旁骛地培育脑袋更圆更小、毛发更光滑的可卡犬了。直到1985年，这种狗都是北美地区的宠儿，只是后来受欢迎程度有所下降。

## 摸我！摸我！

美国可卡犬和英国可卡犬有相同之处，就是极度渴望得到宠爱和抚摸。但美国可卡犬不太容易和别的狗吵架，而且一旦成年，它们会变得极易相处，对周遭的自然界具有敏锐的观察力。除了少数患有遗传性"狂怒综合征"的纯色可卡犬会极其霸道之外，它们大多是温顺而具有爱心的伴侣犬，会和家主建立起极深厚的感情。

## 毛发浓密

培育这个品种的美国可卡犬俱乐部所引起的冲突过于魔幻和戏剧化。新的"美国化"的可卡犬，具有顺长而浓密，且又光滑如丝的毛发，是品种繁殖上的巨大成功，但也成了这种狗的一个缺点。一种叫做"皮脂溢"的皮肤状况在这种犬中很常见。如果狗是干燥性皮肤，那狗的毛发看上去会布满了毛皮屑；如果狗是油性皮肤，狗的毛发就会变得油腻腻的。无论是哪种皮肤，皮脂溢都会导致皮肤感染和其他皮肤病。耳朵周围浓密的毛发也会引起耳道通风循环不良，引发耳朵感染。狗爪子上浓密的毛发会吸附植物的种子，可能刺破脚趾头。

## 对狗的预期

### 性格

美国可卡犬虽然容易训练，但和英国可卡犬相比，只是个慢速学习者，尤其无法和英国的工作可卡犬同日而语。别指望它会把看家护院当成自己的责任。它只是一门心思地要和你在一起，或是霸占你。

### 健康

用来育种的狗要检查是否有遗传性的视网膜发育不良。这种狗会有25种之多的遗传病，包括过敏性皮炎，以及一种严重的由免疫系统问题引起的溶血性贫血。

### 时间花费

打理这种狗花费时间极多。每次狗从干草枯枝中玩耍回来，都要给它做全身检查，尤其注意耳朵和脚趾间的碎屑（参见 172—173 页）。

## 基本资料

| | |
|---|---|
| 身高： | 34—39 厘米（13½—15½ 英寸） |
| 体重： | 11—13 千克（24—29 磅） |
| 寿命： | 12.5 年 |
| 最初用途： | 伴侣犬 |
| 产地： | 美国 |
| 颜色： | 30 多种颜色 |
| 兴奋度： | 6 |
| 可训度： | 7 |
| 吠叫度： | 6 |
| 好玩度： | 6 |
| 掌控欲： | 4—10 |

50 厘米（19½ 英寸）

25 厘米（9¾ 英寸）　　　　成年狗

0　　　　小狗

*纯色的金毛或红毛可卡犬有时会想当霸王。*

# 金毛寻回犬（Golden Retriever）

声明：金毛寻回犬已经拥有我并指挥我差不多40年了。我就是它们的爪下之物。我下面说的话，信不信由你。金毛寻回犬身上的毛，在阳光沐浴下绚丽多彩，每一根毛都是美丽的。它们从来不会把身上滚得脏兮兮的，也不会狗味儿熏天，或者让自己湿漉漉的，它们总是每日事每日毕。好了，也许我说的没一样是真的。但金毛真的很容易训练，它们很爱玩儿，也很有爱心。我所养过的所有金毛都告诉我，它们生活的唯一目的就是要让主人高兴。

*成年公狗身上的毛发很浓密。*

### 最温顺的好朋友

我不知道为什么这种温顺又安详的犬种在英国的年度登记中会降到第8位。在美国，它的年度登记排序则上升到了第3位。金毛在大家庭里仍然受欢迎，是养狗新手理想的首选，也是想要养大型伴侣犬家庭的理想选择。我在全欧洲都见过金毛，它们的主人都酷爱户外活动，愿意容忍金毛掉落满地的毛发，和狗相处得就像是老朋友，而不是把狗作为防身武器、身份象征或是时髦的标志。

### 两个不同的品种

按美国的标准，金毛要有"浓密而富有光泽的毛发"，而按英国的标准，奶白色的也可以接受。这些香槟色的狗是过去几十年来英国表演秀上的优胜者。所以，现在要区别美国金毛和英国金毛很容易，它们的气质也有所不同。在英国，行为学家说该类犬种常会有占有性攻击行为，并且大部分都是淡颜色的狗。即使如此，这种狗仍然最不可能和你或者和其他狗打架。我的两只狗——尤其是梅子——有着曼妙的低音，也是优秀的看门狗。

## 基本资料

| | |
|---|---|
| 身高： | 51—81厘米（20—24英寸） |
| 体重： | 27—36厘米（59—80磅） |
| 寿命： | 12年 |
| 最初用途： | 枪猎犬 |
| 产地： | 英国 |
| 颜色： | 暗金色至奶白色 |
| 兴奋度： | 2 |
| 可训度： | 9 |
| 吠叫度： | 2—5 |
| 爱玩度： | 9 |
| 掌控欲： | 1　3 |

| 75厘米（29½英寸） | |
|---|---|
| 50厘米（19½英寸） | 成年狗 |
| 25厘米（9¾英寸） 小狗 | |
| 0 | |

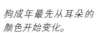

*狗成年最先从耳朵的颜色开始变化。*

## 对狗的预期

### 性格

要是有一只金毛的话，记得要把短裤藏好，否则有客人来时，它会叼出来显摆。这种狗天生喜欢搬运或是取回东西，这种禀性让它成为世界上最受欢迎的协助犬。

### 健康

选来育种的狗要拍X光透视髋关节和肘关节，检查是否有不典型增生的情况，还要排除是否可能有遗传性眼疾，例如慢性视网膜萎缩。皮肤过敏（表现为皮肤瘙痒或是松软的粪便）以及湿性皮炎，也是要留意的。

### 时间花费

保持常规毛发美容，梳理清洁毛发。服从和衔物取回训练很容易，并且狗还渴望进阶训练。无论刮风下雨，都要有2个小时的户外活动。

# 英国史宾格犬（English Springer Spaniel）

这是英国第 5 受欢迎的狗，但在美国仍然相对少见。这种狗和精力充沛的黄金猎犬在气质上不无相似之处：渴望被宠爱，也很活跃，拼命地想要思考，想要做事。在海关入关处常常可以见到这种狗活跃的身影，因为这是最好的缉毒犬。

## 劳工阶层

19世纪晚期，英国史宾格犬被分成两类：一类是较小的可卡犬，用来猎捕鹬鸟，另一类是较大的史宾格犬，用于大型活动。其结果就是有了两个不同的品种：一种是较小的威尔士犬，现在不太常见，还有一种是较大的英国史宾格犬。如果给予充分的脑力和体力训练，这种狗工作起来是把好手，也是养狗新手极佳的选择：活跃、可靠，像金毛寻回犬一样，很容易进行服从性训练，和孩子相处极好。不同之处在于体型较小，还有更多的做事需求。有些英国史宾格犬在和边境牧羊犬及工作可卡犬一起玩儿时，会争强好胜，尤其在衔物取回这种游戏中不甘落后。

## 有创造力

这个品种在体型上正在不断"蜕变"。几十年以来，它们变得越来越高，越来越重。我见过像小的黄金猎犬那么大的史宾格犬。这种狗不容易长胖，反而会很矫健。让它们在食物和游戏之间做个选择的话，大部分狗都会选择游戏。小狗在长到18至24个月时会进入成年期，比许多其他品种的狗要早。像边境牧羊犬一样，这种狗酷爱运动。要注意的是，它们如果觉得无聊或者独自在家的话，可能会自己发明游戏玩儿（参见152—153页）。它进行室内破坏的能力可能会让你吃惊不已，也会让你荷包瘪瘪。

（参见152—153页）

### 对狗的预期

**性格**

即使是专门培育用来做伴侣狗的史宾格犬，也有工作能力。这种狗是打猎的好帮手，也是家庭的好伴侣。任何额外的工作，诸如搜索和援救，都会让英国史宾格犬激动不已。

**健康**

用于育种的狗要拍 X 光透视髋关节，检查是否有不典型增生的情况，还要排除是否可能有遗传性眼疾，例如慢性视网膜萎缩。和可卡犬一样，皮脂溢也是一种常见病。

**时间花费**

你的选择很简单：要么每天花几个小时训练你的狗，要么让它撕碎你的地毯、窗帘和椅垫。保持常规的毛发美容，梳理清洁毛发。

*常见的还有炫目的黑色和白色。*

### 基本资料

| | |
|---|---|
| 身高： | 48—51 厘米（19—20 英寸） |
| 体重： | 22—24 厘米（48—53 磅） |
| 寿命： | 13 年 |
| 最初用途： | 枪猎犬 |
| 产地： | 英国 |
| 颜色： | 黑色和白色，褐色和白色 |
| 兴奋度： | 7 |
| 可训度： | 9 |
| 吠叫度： | 6 |
| 爱玩度： | 10 |
| 掌控欲： | 2 |

75 厘米（29½ 英寸）
50 厘米（19½ 英寸）
25 厘米（9¾ 英寸）　小狗　成年狗
0

# 骑士查理王猎犬（Cavalier King Charles Spaniel）

这种有光泽的栗色兼白色的被毛被称为"布伦海姆"（Blenheim）。

如果要说哪类狗比较像女孩子，那就是骑士查理王猎犬了：害羞的眼神，温和的性情，冬天毛发浓密时，看上去时髦又漂亮。温顺而宽容的骑士犬在欧洲一直都很受欢迎，在北美的数量也在持续增长中。有意思的是，如果有机会，它的表现也可以完全不像女孩子。要是把它真的当作狗而不是玩具对待，它会自信满满。公狗在和其他狗在一起时，还会很自大，骄傲得盛气凌人，甚至敢于挑战比自己体型还要大的狗。

## 超级城市狗

就我自己的经验而言，没有哪种小狗比查理王猎犬更适合初学养狗者了。它会回应，很和蔼，而且也很低调。很容易对它进行服从训练，它几乎从不挑战权威，渴望被宠爱，很容易像个孩子一样融入家庭。骑士犬是种超级城市狗，可以高高兴兴地坐在沙发上看自然史节目，也会很快乐地到公园去追麻雀，或者和其他狗一起嬉戏。这类狗对陌生人也很友好，只有那些没有很好进行社会化的狗才会对其他狗有警惕性。但也存在问题。

## 令人伤心的健康问题

查理王公狗喜欢到处撒尿做记号，它们会在见到的每棵树、每个灌木丛、每个桌子腿儿那里做记号，甚至会在宠物医生的腿下做记号。但这还是小问题，给公狗做绝育可以减少甚至消除这种现象。

真正的问题是健康问题。较之于同等体型的小狗，这种狗的寿命平均要减少3年，而原因都在于极高的心脏病发病率。差不多半数以上的英国骑士犬在5岁的时候都可以听到心脏杂音。在发病前开始用药，可以为狗延长大概18个月的寿命。但这就像看着一个朋友忽然之间老了10岁，让人很难受。好的育犬师会避免患有早期心脏病的狗进行繁殖，从而延长心脏病的发生年龄。

## 对狗的预期

### 性格

眼神温柔，惹人喜爱，像小泰迪熊。破坏性很小，很顽皮，和孩子极易相处，也绝对不会挑战你的领导地位。

### 健康

和心脏病一样，约有40%的狗会受到一种叫做脊髓空洞症的病痛折磨，会头痛或颈部痛。病症不严重时，狗会在耳部周围挠痒痒，看上去好像在弹吉他。需要核磁共振扫描来诊断。

### 时间花费

查理王猎犬需要花费的时间处于平均水平，但是大多数狗在有人陪伴时会更轻松快乐。

三色查理王猎犬身上的浅褐色只有一点点。

## 基本资料

| | |
|---|---|
| 身高： | 31—33 厘米（12—13 英寸） |
| 体重： | 5—8 千克（11—18 磅） |
| 寿命： | 10.7 年 |
| 最初用途： | 伴侣犬 |
| 产地： | 英国 |
| 颜色： | 栗色间白色（布伦海姆），三色（黑、白、浅褐色相间），黑色间浅褐色，红宝石色 |
| 兴奋度： | 4 |
| 可训度： | 6 |
| 吠叫度： | 5 |
| 爱玩度： | 9 |
| 掌控欲： | 1 |

| 50 厘米（19½ 英寸） | |
|---|---|
| 25 厘米（9¾ 英寸） | 成年狗 |
| 0 | 小狗 |

# 法国斗牛犬（French Bulldog）

*许多犬种注册不会登记这种有魅力的颜色。*

我的两只金毛竞相奔跑过来，用眼睛跟我说，"快跟我们走！外星人来了！"在公园的咖啡馆后面，正在举行100只斗牛犬每月一次的聚会，它们的主人则在一旁享受着社交带来的友情。10年前，我只有一位养法国斗牛犬的客户，现在我每天就可以见到一位。这个滑稽的犬种是个医疗噩梦。不管你是花了多少钱把它买来的，头两年，你就准备再花双份儿的钱给宠物医生吧。

## 一种犬类现象

19世纪时，英国诺丁汉的蕾丝工人，带着他们培育的一种由斗牛犬、巴哥犬和小㹴犬杂交出来的小斗牛犬，在法国诺曼底定居下来。巴黎市场的搬运工和屠夫很喜欢这种狗，然后到了1880年代，这种狗就征服了

巴黎，继而征服了纽约的上流社会。它们独特的蝙蝠耳朵是在美国被培育出来的，只是因为在狗赛上那个"玫瑰"的形状，能保证它们被冠以得胜者的花环。法国斗牛犬让人养着养着就喜欢上了，到21世纪初期，连女神卡卡（Lady Gaga）和已故的嘉莉·费雪（Carrie Fisher）这些明星的身边也出现了它们。不到10年间，仅在英国一个国家，登记在册的该类犬的数字，就火箭般地从670只上升到了21470只，而且仍在以这个趋势增长。这对于犬种的基因健康来说并不好。

### 基本资料

| | |
|---|---|
| 身高： | 24—35 厘米（9½—14 英寸） |
| 体重： | 8—14 千克（18—31 磅） |
| 寿命： | 12—13 年 |
| 最初用途： | 伴侣犬 |
| 产地： | 法国 |
| 颜色： | 白色，奶油色，鏖色，小鹿色，花色图案，黑脸小鹿色，其他无法识别的颜色 |
| 兴奋度： | 5 |
| 可训度： | 2 |
| 吠叫度： | 3 |
| 爱玩度： | 6 |
| 掌控欲： | 3 |

| 50厘米（19⅓ 英寸） | | |
|---|---|---|
| 25厘米（9¾ 英寸） | 小狗 | 成年狗 |
| 0 | | |

## 对狗的预期

### 性格

这是一个自信、寻求关注且独立的犬种。尽管它们是某种斗牛犬的后代，但它们通常还是很喜欢和其他的狗以及孩子们一起玩耍的。

### 健康

法国斗牛犬的鼻孔狭窄，会干扰呼吸。加上一个细长的软腭，使得狗很容易因为中暑而死亡。所有这种狗都需要在早期进行纠正手术。眼病很常见。

### 时间花费

每天要滴两次眼睛润滑液，尤其是晚上那次，以避免角膜溃疡。每天要清洗脸部的皮肤褶皱处。毛发清理简单，基本训练很容易，因为它们是吃货。可在宠物医生那里买一张常年服务卡。

## 不负责任的培育者

在犬业俱乐部登记的狗只是一部分。某些特定颜色，特别是我在诊所常见的一种鼠灰色，俱乐部是不予登记的。这是因为小狗养殖户每周 7 天、每天 24 小时在不停生产着，专门把小狗卖给那些通过网站找狗的愚蠢买主，这些网站只对钱感兴趣，并不关心那些处境可怜的狗妈妈的福利，狗妈妈们只是用来生产小狗的机器。不管法国斗牛犬是在哪里出生的，所有的狗都

有天生的呼吸问题，需要手术修复。剑桥大学做了一个广泛的研究，得出的结论是，小狗必须在 2 岁以前做这个修复手术。如果你喜欢这种狗的性格，那就别把钱给那些小狗养殖户，不妨考虑一下把边境牧羊犬或者迷你雪纳瑞作为选项吧（参见 31、39 页）。

*法国斗牛犬有一张可爱的、近乎"像人一样"的脸。*

# 西部高地白㹴犬（West Highland White Terrier）

还是狗宝宝的时候，西部㹴犬看上去已经很敏锐和警觉了。

玩儿个猜字游戏。下次你去看宠物医生的时候，问他，当你说"西部㹴犬"（Westie）时，他脑子里第一反应的词是什么？十有八九，这个词会是"痒"（itchy）。西部高地白㹴犬集好玩儿、吵闹、积极参与各种活动于一身，它会想要成为家中孩子们的一员，是快乐的家庭伴侣。但是，你要是不跟它玩闹嬉戏，它就自己跟自己玩儿——给自己挠痒痒。

## 对狗的预期

**性格**

西部㹴犬想要挑战你的权威，很积极地探索生命。尽管个别的狗可能会很凶，但对那些勇于承担责任的孩子来说，西部㹴犬是他们绝佳的伙伴。

**健康**

过敏性皮肤瘙痒与皮脂溢在这个品种中是常见病，还有干燥性角结膜炎，以及老年时被称作"西部㹴犬肺病"的严重的慢性咳嗽。所有这些都是免疫系统的问题。

**时间花费**

可以想见，西部㹴犬很容易弄脏，经常洗澡很重要，不光是要保持清洁，也是防止引发皮肤瘙痒。服从训练需要花费相当多的时间。

## 从猎手到漂亮狗狗

几年前的夏天，我在排队等候去马尔岛的轮渡时，和另外一个带着两只年老的西部㹴犬的人聊了起来。后来，他邀请我和我的太太去他的家——苏格兰乡间的登楚城堡——做客，我才意识到，和我说话的人是罗宾·马勒科姆（Robin Malcolm），麦卡勒姆家族的族长，他的曾祖父是培育出在汽车后座打呼噜的狗的犬种培育人。和其他许多小型㹴犬一样，西部㹴犬也很喜欢出风头，但这有很严肃的缘由。在这些老狗打盹儿的地方，马勒科姆上校在19世纪晚期打猎时，曾把最喜欢的一只山㹴当作兔子打死了。小麦色的山㹴偶尔会生出白色的小㹴犬，马勒科姆上校从中培育出了更易辨识的西部高地白㹴犬。

## 慢性皮肤瘙痒

在英国，西部㹴犬和金毛寻回犬（参见26页）同样受欢迎，但在欧洲其他地区和北美，尽管这是㹴犬中最受欢迎的品种，该品种狗的数量还是要少很多。它们像精力充沛的小马达，四处探索，到处挖坑，蹦蹦跳跳，总是快乐而滑稽。但是，就像其他很多白色的狗一样，某些食物或特定的环境因素会引发西部㹴犬的皮肤瘙痒症。你要是养了西部㹴犬的话，就会和你家狗的医生很熟络。

各种深浅不同的白色。

## 基本资料

| 身高： | 25.5—28厘米（10—11英寸） |
| --- | --- |
| 体重： | 7—10千克（15—22磅） |
| 寿命： | 12.8年 |
| 最初用途： | 猎兔子 |
| 产地： | 英国 |
| 颜色： | 白色 |
| 兴奋度： | 10 |
| 可训度： | 3 |
| 吠叫度： | 9 |
| 爱玩度： | 8 |
| 掌控欲： | 8 |

50厘米（19½英寸）

25厘米（9¾英寸）　　小狗　成年狗

0

# 边境㹴犬（Border Terrier）

过去10年，这种长腿㹴犬突然冒了出来，成了英国最受欢迎的10大狗品种之一。在其他地区，这种狗的数量也在稳步增长。可能是没什么麻烦，兽医们也很喜欢它。这是那种玻璃狗，"你得到的就是你看到的"，天生的运动员，可以和马并驾齐驱，把慢跑者甩在后面。边境㹴犬单纯，健康，并且就㹴犬而言，算 是很容易训练的。

**适合有闲家庭养的品种狗：**

英国古代牧羊犬
杰克罗素㹴犬
西伯利亚哈士奇
边境㹴犬
边境牧羊犬
威玛猎犬
拳师犬

## 气质平凡

苏格兰与英格兰边界地区的边境犬，同英格兰南部的边境犬相比，这两类犬种在气质和外观上的不同，只是在最近才非常明显。北方的边境犬性格较为急躁，个头也瘦高些，而南方的边境犬则比较放松，腿稍短些。但随着狗的数量剧增，这些差异正在快速消失中。

## 出身普通

和西部㹴犬不同，边境㹴犬出身普通。这种狗是从边境地区那种常和兔子和狐狸追着玩儿的小型狗中，稀里糊涂繁殖出来的。它们的外表从来未曾广受欢迎，所以繁殖它们并非仅仅为了好看，只是为了它们就像一只狗，一种没什么特点的、平平淡淡的狗。它们粗硬的毛皮不仅浓密、防水，而且可以防止其他动物的撕咬。就我接触过的边境㹴犬而言，它们要比其他的㹴犬更放松，训练时更愿意听从你的命令——这对成功地训练狗至关重要。

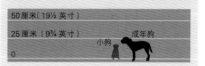

成年狗采用这种"蛙式"卧姿，
通常表示髋关节很健康。

## 基本资料

| | |
|---|---|
| 身高： | 25.5—28厘米（10—11英寸） |
| 体重： | 5—7千克（11—15磅） |
| 寿命： | 13.8 年 |
| 最初用途： | 猎兔子 |
| 产地： | 英国 |
| 颜色： | 麦色，褐色，红色，蓝褐相间色，灰色 |
| 兴奋度： | 8 |
| 可训度： | 5 |
| 吠叫度： | 6 |
| 爱玩度： | 9 |
| 掌控欲： | 6 |

50厘米（19½英寸）

25厘米（9¾英寸）

小狗　　成年狗

0

## 对狗的预期

**性格**

这种狗的数量之所以在快速增长，是由于其良好的健康状况与温顺的外表，尤其是它平和的气质。边境㹴犬几乎适合于任何家庭。

**健康**

随着数量的增加，这种狗与生俱来的遗传性疾病会多起来。但是边境㹴犬几乎是从一个大的遗传库中自然繁殖出来的，所以在所有㹴犬中，其寿命也是最长的。

**时间花费**

边境㹴犬蛮独立的，对它们的训练也比其他㹴犬要容易，不太需要看宠物医生，打理粗硬的毛发很快，也很容易。和其他㹴犬相同点在于，它们渴望有足够的运动。

# 斯塔福郡斗牛㹴犬（Staffordshire Bull Terrier）

斯塔福犬是欧洲受到错误歧视最多的土种狗。负面新闻已经让它们的数量下降不少，即使它们咬人的频率，并不比那些看上去不太凶恶的狗高。在有些国家，包括德国在内，有严重问题的法规禁止养这种狗。斯塔福犬不是一种具有威胁性的狗，只是有些人的狗被养得很凶恶。与其守着现行的动物管理条例，对养这种狗进行限制，还不如对那些想养这种狗的人开设强制性培训班。

母犬看上去可以像公犬一样肌肉发达。

## 双重性格

狗的体型越大，越有可能成为一种致命武器。英国斯塔福犬体型相对较小。北美地区更受欢迎的是美国斯塔福犬，最终可达23千克（51磅），而从斯塔福犬繁殖出来的美国比特犬（Pit）则可重达36千克（79磅）。所有用于斗狗的品种所繁殖出来的后代，天生就具有好斗的倾向。一只忠心耿耿、对人类充满爱心的斯塔福犬，在遇到另一只狗的时候，可能会展示出好斗的天性，即使概率很小，也仍有可能变得不好控制。

## 精力无限

斯塔福犬看到狗就会很激动，像个旋转的陀螺一样停不下来，对啃咬玩具、追逐玩具，甚至把玩具撕烂，乐此不疲。它们身材强壮，大腿和下颚肌肉紧实有力，看起来像滥用类固醇的结果。它们的笑脸很可爱，

适合有经验的养狗者。服从训练会让你很有挫败感，但却至关重要。斯塔福犬认为它们最重要的工作职责就是要牵着绳子走。

## 对狗的预期

### 性格

斯塔福犬很爱玩儿，和家人的感情很好，但过于警觉会引起不可预期的行为表现。固执、不屈不挠在这种狗身上一点儿都不少见。

### 健康

相对其他狗而言，这种狗对疼痛感觉不强，但容易髋关节发育不良。因为狗脑袋大，所以生产时经常要进行剖腹产。没有绝育的成年公犬的致命伤是前列腺肿大。斯塔福犬也容易患前列腺癌。

### 时间花费

早期专业训练至关重要。牵着走的训练（参见136—137页）会很耗时间。有些狗给它们戴上笼头，另一些狗给它们戴上挽具，对狗都是有益的。毛发不太需要打理。

## 基本资料

| | |
|---|---|
| 身高： | 36—41 厘米（14—16 英寸） |
| 体重： | 11—17 千克（24—38 磅） |
| 寿命： | 10 年 |
| 最初用途： | 斗狗 |
| 产地： | 英国 |
| 颜色： | 除了红褐色以外任何颜色 |
| 兴奋度： | 10 |
| 可训度： | 3—5 |
| 吠叫度： | 7 |
| 爱玩度： | 9 |
| 掌控欲： | 8 |

小狗身上的皮肤会长得过多。

50 厘米（19 ½ 英寸）

25 厘米（9 ¾ 英寸）　小狗　成年狗

0

# 拳师犬（Boxer）

你怎么叫那些总也长不大的狗？当然是拳师犬。拳师犬在欧洲和北美稳占10大最受欢迎的狗的榜单，这种狗会因为性别不同而气质迥异。母犬和绝育的公犬享有活弹簧的声誉，而且以把人撞翻为乐，因为觉得那太好玩儿了。所有的公犬更小心谨慎，不信任陌生的人。

*这种耳朵状态表示心情平静且心满意足。*

## 基本资料

| | |
|---|---|
| 身高： | 53—63厘米（21—25英寸） |
| 体重： | 23—32千克（55—70磅） |
| 寿命： | 10.4 年 |
| 最初用途： | 斗狗 |
| 产地： | 德国 |
| 颜色： | 驼色和白色，驼色，斑点色，偶尔有白色 |
| 兴奋度： | 8 |
| 可训度： | 5 |
| 吠叫度： | 5 |
| 爱玩度： | 9 |
| 掌控欲： | 8 |

| | |
|---|---|
| 75 厘米（29 ½ 英寸） | |
| 50 厘米（19 ½ 英寸） | 成年狗 |
| 25 厘米（9 ¾ 英寸） | 小狗 |
| 0 | |

## 生活就是活着

这种狗精力充沛，总想要运动，要玩耍。它们可能是从一种古老的工作犬（Brahant Bullenbeisser）繁殖而来的，但它们好斗性并不比其他同体型的狗更强。拳师犬滑稽可笑，像个小丑，母犬更是小孩子的好伙伴。直到80年前，拳师犬的颜色还是以白色为主。但后来人们开始不喜欢白色，并禁止这种颜色上狗展，结果白色的狗几乎就要绝迹了。我在最近才又看到这种颜色的拳师犬。

话，很容易看到这种高速摇动的后遗症，尾巴上长不出新的骨头。

## 对狗的预期

### 性格

拳师犬通常都是无畏的冒险家，渴望玩自己发明的极限运动。它们需要负责的主人帮助它们保持冷静。

### 健康

拳师犬的寿命比许多其他同体型的狗要少2年。它们是患各种皮肤癌的高危品种，还容易得一种叫做扩张型心肌病的心脏病，这种病会导致心壁变薄，下心室扩张。

### 时间花费

毛发不太需要整理，但训练一只不听话的拳师犬会让人气死。在它们生长初期，很理想的做法是每天给它2个小时的运动量。

## 惹祸的耳朵和尾巴

像其他品种一样，拳师犬一直以来都是流行风的受害者。德国人喜欢给诸如拳师、杜宾（参见52页）、雪纳瑞（参见39页）和大丹狗（参见43页）这些品种的狗剪耳和断尾，这种习惯也被出口到了其他地方。剪耳这种陋习尽管仍然存在，尤其在美国，但在很多地方几乎是一夜停止了。断尾虽然在欧洲几乎被明文禁止了，但其实仍是无处不在。断尾之后留下的狗尾巴就好像一只坏了的节拍器，停不下来。如果给5岁以上的狗拍X光片的

*小狗体型瘦长，但很快就会长成舞者的体型，有时会发育成田径运动员那样的魔鬼体型。*

# 约克夏㹴犬 ( Yorkshire Terrier )

我小时候养的约克夏㹴犬（我家有过3只）和今天的约克夏㹴犬大不相同。我们家的约克夏㹴犬是不折不扣的㹴犬，全身乱糟糟的，面对豪猪、臭鼬、麝鼠时无所畏惧。1950年代以后，约克夏㹴犬的数量急剧减少，尽管它们中有很多仍然是天不怕地不怕的，但我也看到相当一部分成了畏首畏尾的胆小鬼，得要一杯浓烈的卡布奇诺咖啡才可以过好一天。

**适合体质过敏家庭养的品种：**
迷你贵宾犬
玩具贵宾犬
约克夏㹴犬
中国冠毛犬
吉娃娃犬
卷毛比熊犬

## 基本资料

| | |
|---|---|
| 身高： | 23—24厘米（9—9½英寸） |
| 体重： | 3.2千克（7磅） |
| 寿命： | 12.8年 |
| 最初用途： | 捕鼠 |
| 产地： | 英国 |
| 颜色： | 黑色和黄褐色 |
| 兴奋度： | 10 |
| 可训度： | 3—5 |
| 吠叫度： | 10 |
| 爱玩度： | 8 |
| 掌控欲： | 7 |

50厘米（19½英寸）

25厘米（9¼英寸）

小狗　成年狗

0

## 数量大起大落

约克夏㹴犬发源于苏格兰，因为苏格兰矿工带着它们搬迁到约克夏地区而得名，当时是用来捕捉老鼠的。约克夏犬的品种繁衍过程，非常典型地说明你小时候见到的犬种与你今天见到的犬种如此不同。1960年代，约克夏犬开始取代当时最受欢迎的迷你贵宾犬（参见44页），成为新宠。无可避免地，不断增长的数量使得狗的繁殖良莠不齐。繁殖标准对于狗的体型提出了最低要求，但无济于事。体型大而温顺的狗越来越少，小型狗成了最主要的卖点，神经质也渐渐成了这种狗的常见特点。尽管在美国约克夏犬的数量仍然维持和玩具贵宾犬一样，但在英国，其数量则已经下降，取而代之的是巴哥犬和狮子犬。

## 体型仍然不定

约克夏犬的小体型是近期才培育出来的，所以，两只小体型约克夏犬生出一只长大后体型是父母2倍大的幼崽来，也是常见的事儿。那些不是为了狗展而繁殖约克夏犬的育犬师，会欣然接受一只大型约克夏犬。

## 对狗的预期

**性格**

就算是那些在户外遇见陌生人和其他狗缺乏自信的约克夏犬，也是你家园的天生守护者，它会吠叫不停，提醒你家里有访客。因为体型小，所以对运动场地的要求也不高。

**健康**

髌骨移位很常见，软气管感染致死也很常见。带约克夏犬出去散步时要用安全带，而不是拴脖子的项圈或是牵狗绳，以避免压迫到狗的软气管。

**时间花费**

约克夏犬的被毛品质不一，可能很厚，很浓密，也可能很顺滑，很薄。狗展上的约克夏犬毛发被打理得可能很夸张，但作为家庭宠物的约克夏犬只要定时修理整齐即可。不管怎么说，每天梳理毛发很重要。日常刷牙可以避免牙龈疾病。

*虽然黑色和黄褐色是约克夏犬的典型颜色，但很多雄性成年约克夏犬的被毛颜色是银色和黄褐色的。*

# 吉娃娃犬（Chihuahua）

在我工作的地方，这种狗的数量是增长最快的。至于为什么会是这样，我并不是特别关心。曾经有段时间，我见到的吉娃娃犬都是精力充沛、叫声嘹亮的小家伙，但是就像约克夏犬在繁衍过程中变种了一样，吉娃娃犬的后代也改头换面了很多，但都是很棒的改良。参加狗展的吉娃娃体型都小小的，但我看到很多坚定、顺从的吉娃娃犬，风度翩翩而又镇静自若。尽管吉娃娃犬还是不容易接受训练，但它们是值得信赖的小伴侣。

## 小拿破仑

吉娃娃犬很吵，但不及约克夏犬吵。它们容易兴奋，非常活跃，但也比约克夏犬好些。你只要多费些心思，吉娃娃犬还是可以训练的，就像约克夏犬一样。正如很多小体型狗，吉娃娃犬的脑子里也有些拿破仑情结，也就是说，它常常要显示自己的权威，对其他的狗、陌生人，甚至是作为主人的你，表现出暂时的攻击性。尽管长毛狗看上去很保暖，其实它们和短毛狗一样怕冷。吉娃娃犬是少数几种受益于穿防潮保暖服的狗品种之一，约克夏犬和拳师犬（参见33页）是其余两种。

## 神秘的祖先

尽管按官方说法，吉娃娃犬的祖先来自于墨西哥，但我们现在看到的吉娃娃犬，有可能是欧洲人到了那个国家之后才繁殖出来的，是墨西哥土狗和欧洲过来的短头颅狗杂交出来的。通常认为，此狗的祖先是提奇奇犬（Techichi），特点就是比较安静，不太吵，只是这一特点在吉娃娃犬那儿荡然无存。第一只吉娃娃犬于1850年代被运到美国，是用墨西哥的一个省份名字来命名的。吉娃娃犬满足于做自然界敏锐的观察家，愿意被它们所认定的人类奴隶们放在手提包里带来带去。

## 对狗的预期

### 性格

如果你是个居家型的人，那么这种狗就很完美。它们不会搞破坏，室内训练也相对容易。它们最喜欢待的位置是你身边的家具，这样就可以和你在一起。

### 健康

髌骨移位和牙龈疾病都很常见，但吉娃娃犬最大的伤病隐患是被人不小心踩到而受伤。它们细细的骨头很容易骨折。

### 时间花费

长毛需要每天梳理，牙齿也需要每天清洁。运动场地要求不大。吉娃娃犬不喜欢参与活动，更愿意做个旁观者。喜欢主人带着它们每天去咖啡馆。

## 基本资料

| | |
|---|---|
| 身高： | 15—23厘米（6—9英寸） |
| 体重： | 1—2.7千克（2¼—6磅） |
| 寿命： | 13年 |
| 最初用途： | 伴侣 |
| 产地： | 墨西哥 |
| 颜色： | 任何颜色 |
| 兴奋度： | 8 |
| 可训度： | 3—4（长毛犬更顺从） |
| 吠叫度： | 8 |
| 爱玩度： | 3 |
| 掌控欲： | 8 |

50厘米（19½英寸）

25厘米（9¾英寸）

小狗　成年狗

0

*这只吉娃娃犬比豚鼠大不了多少，但是和大丹狗（参见43页）一样容易训练。*

# 巴哥犬（Pug）

我的宠物诊所最棒的护士之一，是一只叫做碧的黑色巴哥犬。我这可不是跟你开玩笑。当然，碧不是自己单独来诊所的，而是让它的主人，宠物诊所的护士，每天带它来上班。碧的真正工作是诊所的迎宾大使和食客。因为巴哥犬的天性，它会在病狗上门的时候迎接它们，分散它们的注意力，让它们忘了自己不喜欢看病的感觉。而作为我们诊所的常住食客，它成了一只模范狗，展示给其他狗主人的就是，身为一只巴哥犬，也可以不必长得太胖。

黑色小狗可能有白色斑纹。

压扁的脸型在20世纪被夸张了。

## 伪装的狼？

相信吗？如果仔细看巴哥犬的狗脸，它比德国牧羊犬（参见22—23页）更像狼。这真的是一个古老的品种，无论是小体型的巴哥犬，还是短头骨的巴哥犬，都是千年以前在中国繁殖出来的。它的历史悠久解释了为什么巴哥犬这么难以训练。这种狗生来就什么都不用做，它的存在就是为了给人温暖，陪伴人类。巴哥犬鼻子的呼吸方式以及过重的体型都不适合炎热的气候，高温会要了它的命。

## 好斗的幸存者

自以为是的巴哥犬有着令人惊奇的高于平均年龄的预期寿命。它们可能会鼻子阻塞；许多狗的鼻孔生来就很狭窄，需要动手术扩充鼻管。巴哥犬容易得慢性耳道炎症，覆盖在鼻子周围的皮肤也容易发炎。因为脑袋太大，剖腹产的概率会比其他的狗品种要高。巴哥犬在5岁大的时候就可能看起来很老，但这也许是因为它在睡觉时喜欢蜷着身子的缘故。只要是醒着它们就喜欢吃东西，巴哥犬比别的狗更不容易得致命的疾病。其他的小毛病都是慢性病，所以要是养巴哥犬的话，最好是有医疗保险。

## 对狗的预期

**性格**

巴哥犬看上去像只猫，自信而又独立，很受某些人喜爱，但其他人更喜欢巴哥犬后天养成的习性。这种狗的脸部表情异常丰富，很容易看出那个狗脑袋里在想些什么。

**健康**

眼睛溃疡很常见，因为它们的眼睛太突出了，以至于睡觉的时候，眼帘不能完全闭合，导致眼睛干涩。几乎所有的巴哥犬都需要做手术以改善鼻孔和软腭。

**时间花费**

每天都需要注意巴哥犬皱成一团的眼睛、耳朵和鼻子部位。基础训练很容易，因为巴哥犬抵挡不了食物的诱惑，但要是不能持之以恒地训练它，它也会很快忘记。去看宠物医生的时间少不了的。

## 基本资料

| 身高： | 25.5—28厘米（10—11英寸） |
|---|---|
| 体重： | 6—8千克（13—18磅） |
| 寿命： | 13.3 年 |
| 最初用途： | 伴侣 |
| 产地： | 中国 |
| 颜色： | 黑色，银灰色，头脸黑色身体浅褐色 |

| 兴奋度： | 5 |
|---|---|
| 可训度： | 2 |
| 吠叫度： | 5 |
| 爱玩度： | 6 |
| 掌控欲： | 3 |

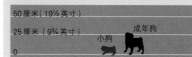

50厘米（19½英寸）

25厘米（9¾英寸）

0

小狗　　成年狗

# 波士顿㹴犬 (Boston Terrier)

跟巴哥犬相比，波士顿㹴犬没那么喜欢赖在沙发上，但按奥林匹克标准，它们仍然是喜欢坐在沙发上不动。波士顿㹴犬较为活跃的个性遗传自祖先，一种重20千克（44磅）的斗狗。但直到20世纪初，这种狗的体型才被改良成现在这个样子。这是种自信而又极具娱乐性的伴侣狗，对人和其他的狗都很友善。只是有些公狗在认为受到其他公狗的攻击时，才会显出像祖先那样凶狠的样子。

*波士顿㹴犬的脸不像巴哥犬那么扁平。*

### 美洲"第一"狗

令人惊奇的是北美并没有繁殖出几种狗，而波士顿㹴犬则是其中长期受到欢迎的，和美国可卡犬（参见25页）一样为数众多，总是占据最受欢迎的狗前20名的位置，而且自然而然就成了"国狗"。与巴哥犬相比，波士顿㹴犬的体型更加多样化。现在，我在市中心宠物诊所看到的多数波士顿㹴犬都不到6千克（13磅），但是体型更大的波士顿㹴犬仍然在被有意识地繁殖，并带到狗秀上展出。

## 基本资料

| | |
|---|---|
| 身高： | 28—43 厘米（11—17 英寸） |
| 体重： | 4.5—11.5 千克（10—25 磅） |
| 寿命： | 12 年 |
| 最初用途： | 伴侣 |
| 产地： | 美国 |
| 颜色： | 黑白相间，斑点白色相间，白点红色相间 |
| 兴奋度： | 8 |
| 可训度： | 5 |
| 吠叫度： | 8 |
| 爱玩度： | 8 |
| 掌控欲： | 8 |

50 厘米（19½ 英寸）　成年狗
25 厘米（9¾ 英寸）　小狗
0

### 头和尾巴

波士顿㹴犬的尾巴并没有被剪短，它们天生就是短尾巴。但在美国和其他地区，它们有时会被剪耳。我觉得，这是一种特别糟糕的对狗身体的伤害，让人想到这种狗的文化过往，当时因为要斗狗，剪耳之后就会让对手少了撕咬的可能。和所有的短头颅狗一样，不管是被留在车里，还是在炎热的户外，波士顿㹴犬都很容易中暑。负责任的航空公司在地面温度超过27℃（华氏80度）时就不会运载它们了。因为脸型是扁平的，所以蜜蜂或黄蜂叮蜇引起的肿胀都可能是致命的。随时要备着抗组胺药在手边。

## 对狗的预期

### 性格

这种狗很活跃，是绝佳的家庭伴侣，也是富有责任心的孩子的活泼玩伴儿。它还非常喜爱安逸的居家生活，所以是完美的公寓住房的宠物。

### 健康

像巴哥犬和法国斗牛犬一样，短头颅综合征会引起呼吸困难，需要做手术来矫正鼻孔和软腭。跟巴哥犬相比，它的过敏性疾病要略少一些，但角膜溃疡却一样多。已知的遗传性疾病超过 15 种。

### 时间花费

每天洗脸是必需的，但被毛不太需要清理。波士顿㹴犬可以在较小的城市空间运动。

*波士顿㹴犬的尾巴天生就很短，甚至近乎没有。*

# 腊肠犬（Dachshund）

腊肠犬是最适宜居住在城市的宠物狗，体型和颜色的种类都比其他品种的狗多。这种狗的性情也是千变万化，有些狗简直咄咄逼人。几年前，有位动物行为学家研究了克鲁弗兹狗展（Crufts Dog Show，世界著名的英国狗展），他在论文中说，如果你盯着狗看，在所有的犬种中，短毛迷你腊肠犬是那只最有可能对你瞪回去，还对着你叫的狗。

*滑顺的毛发，用手指梳理一下即可。刚韧的毛发，则需要耐心地刷毛梳理。*

### 国际城市狗

腊肠犬在欧洲和北美地区是常年受到欢迎的一种狗，在英国的数量不多，以至让人忽略了这种狗很适合于城市。这是我见过的数量最多的犬种之一。标准腊肠犬看上去像个老好人，但不太常见。在犬类中寿命预期第二长的迷你腊肠犬则为数众多，因为它日常活动需要的空间小，适合在城市中生活。顺毛腊肠犬的毛发只需要稍稍打理即可，刚毛腊肠犬的毛发则要求多些，长毛腊肠犬更是需要每天梳理，以免毛色暗沉。符合欧洲标准的狗腿要长些，身体距离地面要高，这些都是有用的特点。

### 被毛长短和性格

腊肠犬的被毛长短和性格之间有直接的联系。刚毛腊肠犬是3种腊肠犬中最放松的，我不记得遇到过难打交道的。长毛腊肠犬看起来比较害羞，而顺毛腊肠犬是最容易兴奋，也最容易发怒，常常见到它们有令人害怕的行为以及防卫性的攻击。

## 基本资料

| 身高： | 微型 20 厘米（8 英寸） |
|---|---|
| | 普通 25.5—28 厘米（10—11 英寸） |
| 体重： | 微型 4.5—5 千克（10—11 磅） |
| | 普通 7—14.5 千克（15—32 磅） |
| 寿命： | 迷你型 14.4 年 |
| | 标准型 12.2 年 |
| 最初用途： | 猎犬 |
| 产地： | 德国 |
| 颜色： | 众多 |
| 兴奋度： | 4—7 |
| 可训度： | 3 |
| 吠叫度： | 7 |
| 爱玩度： | 6 |
| 掌控欲： | 4—7 |

50 厘米（19½ 英寸）

25 厘米（9¾ 英寸）　成年狗

小狗

0

*长毛腊肠犬看上去温柔些。*

## 对狗的预期

### 性格

腊肠犬性格多样。总的来说，刚毛腊肠犬最放松，长毛腊肠犬有时会稍稍有点紧张，而顺毛腊肠犬则性格多变。

### 健康

椎间盘突出，会引起疼痛，甚至导致有生命危险的瘫痪，这是所有长腰身的短腿狗的致命疾病。即使如此，迷你腊肠犬的寿命也比除了迷你贵宾犬（参见 44 页）之外的所有犬种都要长。

### 时间花费

居家和服从训练可能需要花费相当多的时间，但是训练完成后，一切就很简单了。而且，这种狗很健康，所以看宠物医生的时间等于或低于平均值。

# 迷你雪纳瑞犬（Miniature Schnauzer）

我曾经认识两只迷你雪纳瑞犬，有很多年，它们总是乖乖地坐在车里，看着家里的工作犬拉布拉多叼回主人猎杀的鸟。然后有一年，这两只狗下了车，它们虽未经过什么正式训练，但却一起参加到打猎中，叼回了8只被打中的野鸡。我们实在低估了迷你雪纳瑞犬的能力，这种狗虽然很吵闹、易兴奋、很顽皮，但它们有很多等待开发的潜能。

背上和尾巴上的毛常常被剪得很短，但腿上的毛一般都会被保留。

## 性格上的地域差异

迷你雪纳瑞犬在很多方面更像一只德国种的柔顺的西部高地白㹴犬（参见30页），但是没有皮肤病的问题。这种狗在北美地区特别受欢迎，繁殖时对基因根本不做筛选，所以有些狗会很吵，而且很有攻击性。但在欧洲情况则不同。尽管有些迷你雪纳瑞犬还是从大型雪纳瑞犬那里遗传了看家护院的特性，且精力充沛，但它们很可靠，性格平和，是家里富有责任心的孩子的良伴。

## 欧洲数量增加

经常洗澡和修剪毛发会减少皮屑，所以雪纳瑞犬又被称为"低过敏源"犬种。这可能是雪纳瑞犬在英国取代西部㹴犬并深受欢迎的一个原因，它甚至比不惹麻烦的边境牧羊犬（参见31页）更受欢迎。在美国和其他地区，许多迷你雪纳瑞犬仍然被剪耳断尾，但这对狗没有丝毫价值。

## 对狗的预期

### 性格

迷你雪纳瑞犬精力旺盛，和同类体型的狗相比，情绪更为稳定。它们需要不断地运动，要是觉得无聊了，任何东西都会成为它们犬齿和狗爪下的玩具。

### 健康

有良心的育犬师都会检查种犬的眼睛，看是否会有遗传疾病。膀胱结石的发病率高于平均值，荷尔蒙失调也会对肾上腺和甲状腺产生影响。

### 时间花费

每天预留1至2个小时的玩耍和运动时间，否则就要面对它们无聊后自己玩乐的后果。毛发打理很花时间，最好留给专业人士处理。

### 基本资料

| | |
|---|---|
| 身高： | 31—36厘米（12—14英寸） |
| 体重： | 6—8千克（13—18磅） |
| 寿命： | 13.2年 |
| 最初用途： | 捕鼠 |
| 产地： | 德国 |
| 颜色： | 灰白相间，黑色，银黑相间 |
| 兴奋度： | 10 |
| 可训度： | 7 |
| 吠叫度： | 8 |
| 爱玩度： | 9 |
| 掌控欲： | 6 |

| 50厘米（19½英寸） | |
| 25厘米（9¾英寸） | 成年狗 |
| 0 | 小狗 |

耳朵自然地半竖着。

# 德国指示犬（German Pointer）

德国指示犬分为3类。胡子拉碴、愣头愣脑的刚毛指示犬，在其发源地极其常见，在其他地区则很稀少。滑顺、活跃、体型相对稍小的短毛指示犬，经常占据北美和英国最受欢迎犬种的前20名。温顺胆小但却忠诚可靠的长毛指示犬，则非常罕见。

繁殖德国指示犬的主要目的是工作。

## 万事通

德国指示犬可以同时胜任几项任务，它们生来嗅觉灵敏、眼神锐利，专会"指示"猎物的方向。猎人会命令它们在狩猎开始时隐身藏匿，一旦猎物被击中，不管是在水里还是在陆地，它们都会把猎物找回来。这对它们来说有些苛求。尽管它们什么都会一点，但在某些方面还是不如专业狗厉害。比如说，在寻回猎物这件事上，它们就不如拉布拉多寻回犬（参见21页）和金毛寻回犬（参见26页）出色，毕竟人家生来就是做这个的。结果就是，德国指示犬在训练时不太听命令，某些刚毛犬甚至会玩得忘乎所以。

## 自行其是的大脑

这并不是说训练很难。训练其实一点也不难。北美和欧洲的现场试验，短毛犬的参与都很成功。它们和孩子相处时忠诚可靠，也不比别的狗吠叫次数多。刚毛犬是最近培育出来的品种，和短毛犬一样，它们每天必须要有规律的、剧烈的运动。要是没有的话，它们会动用大脑中的资料储备，自行创造自己的娱乐节目，而那通常都是毁灭性的。

### 对狗的预期

**性格**

短毛犬和刚毛犬性格更为安静，但都很调皮。这种狗天生攻击性就不强，母狗更是家庭中的爱心狗狗，可以培养孩子的责任心。

**健康**

好的育犬者会对种犬做X光检查，以避免髋关节发育不良症。肢端舔舐性皮炎是一种自残行为，这在该犬种以及拉布拉多犬和杜宾犬中都是常见病。

**时间花费**

每天计划最少2个小时的露天活动。不太需要打理毛发。

干净而容易打理的毛皮大衣。

### 基本资料

|  |  |
| --- | --- |
| 身高： | 短毛犬 61—66 厘米（24—26 英寸）<br>刚毛犬 61—68 厘米（24—27 英寸） |
| 体重： | 短毛犬 20—30 千克（44—66 磅）<br>刚毛犬 27—32 千克（59—70 磅） |
| 寿命： | 12.3 年 |
| 最初用途： | 枪猎犬 |
| 产地： | 德国 |
| 颜色： | 短毛犬是栗色，栗色间白色<br>刚毛犬是黑色或棕色杂毛，黑白色或者棕白色 |
| 兴奋度： | 6—8 |
| 可训度： | 6 |
| 吠叫度： | 5 |
| 爱玩度： | 9 |
| 掌控欲： | 5 |

| 75 厘米（29½ 英寸） | | 成年狗 |
| --- | --- | --- |
| 50 厘米（19½ 英寸） | | |
| 25 厘米（9¾ 英寸） | 小狗 | |
| 0 | | |

# 魏玛犬 （Weimaraner）

魏玛犬是一种城市和乡村皆适宜的漂亮狗狗。狗眼睛的颜色变化多种，有波罗的海的琥珀色，也有枪支的金属灰，还有冬季天空的雾蓝色。皮毛是森林中的蘑菇色。你要想找一种纯"自然"的狗，则非它莫属。但如果你想养一只容易训练的大型犬，这种狗可能就不是你的第一选择了。公狗一般都很自以为是，会不断要显示自己的权威。

小狗一般都很轻松地偏坐一侧。

### 非比寻常的颜色

这个品种的狗的数量每年都在增加。在英国，其数量已经超过了巴哥犬（参见36页），接近杜宾犬（参见52页）。魏玛犬事实上是一种古老的犬种，可以追溯到1600年代，只是在130年前才确定了这个犬种。这种狗本来是用来追踪和寻回猎物的，但目前只是作为伴侣犬在繁殖，偶尔才会参与做些工作。某些小型犬如惠比特犬（Whippet，参见53页）的颜色可能和魏玛犬一样，但魏玛犬是唯一银灰色的大型犬种。

### 要求多多，自以为是

魏玛犬最爱在地上嗅来嗅去，会追踪气味，追踪看到的诸如松鼠、兔子或狐狸等动物。公狗一般很任性、很有主意，训练它们也是对你自己意志的考验。母狗一般很温顺，容易相处。如果你是个不怎么有经验的狗主人，又很想养一只这种优雅的狗，那最好是选择母狗。

长毛很优雅，但是不常见。

## 基本资料

| | |
|---|---|
| 身高： | 56—69厘米（22—27英寸） |
| 体重： | 20—30千克（44—66磅） |
| 寿命： | 10 年 |
| 最初用途： | 跟踪 / 枪猎犬 |
| 产地： | 德国 |
| 颜色： | 暗色的鼠灰色到银灰色 |
| 兴奋度： | 6—8 |
| 可训度： | 5 |
| 吠叫度： | 5 |
| 爱玩度： | 6 |
| 掌控欲： | 4—6 |

| | |
|---|---|
| 75厘米（29 ½ 英寸） | |
| 50厘米（19 ½ 英寸） | 成年狗 |
| 25厘米（9 ¾ 英寸） | 小狗 |
| 0 | |

## 对狗的预期

**性格**

公狗相对比较含蓄，但是很精明，能够保护家人。训练会很富有挑战。两种性别的狗都有可能很固执，狗主人最好是有养狗经验的。

**健康**

魏玛犬患胃部扭曲和膨胀的概率比其他犬类要高 20 倍。1/4 的狗都死于此病。这也是这种狗平均寿命短的唯一原因。

**时间花费**

毛发打理不花什么时间，但是训练会很费力。魏玛犬要是一天没有 2 个小时来发泄过剩的精力，其破坏性会是不可想象的。

# 罗威纳犬（Rottweiler）

虽然有些罗威纳犬很合群，但是大部分的罗威纳犬不露声色，即使在它们脾气暴躁时，也没有什么脸部表情。罗威纳犬在美国常年受欢迎，但在英国却不怎么常见。这不仅仅因为要喂养这么大的一只狗，花费很高，而且还因为在21世纪初期，出现了一连串的狗咬伤人事件，媒体对这个犬种有很负面的报道。这种狗相对容易训练，但是因为其体型庞大，狗主人最好是那些有养狗经验的人。

小狗通常会两只前爪交叉。

### 情感表达

我们很多人，如果不是与生俱来，也可以通过后天学习，懂得狗的情感。但是我还是很难读懂罗威纳犬想要做什么。

英国的育犬师告诉我这没什么难的，只要看狗的眼睛就可以了。情绪变化会引起瞳孔扩张。你知道你要凑得多近，才能看清楚罗威纳犬深褐色眼珠的变化吗？所以，最好还是看狗情绪的风向标——狗尾巴吧。在某些欧洲国家，近20年来罗威纳犬的尾巴都长得很好，英国则是从2007年开始才保留它们的尾巴。但在美国这样的国家，断尾仍然很流行，所以，你还是要凑得很近去看狗的黑眼珠，才能懂得狗会有什么情绪反应。

### 需要强有力的领导力？

罗威纳犬是一种强壮而又安静的狗，是狗王国中的彪形大汉。当然，它也是让人印象深刻的看门狗。罗威纳犬的天性既不是特别爱玩，也不很具有破坏性，很容易进行训练。家里有个高它一等的领导就会让它朝气蓬勃。有人比它大是必须的，因为罗威纳犬天生好斗，有控制欲。这个像泰迪熊一样的大个子最让人伤心之处就是它的寿命，因为恶性骨癌的高发病率，罗威纳犬的寿命并不长。

## 对狗的预期

### 性格

早期训练可以让一只调皮可爱的熊宝宝一样的小狗，迅速成长为一只冷静沉着的狗。青少年期较具弹性，会学习利用自己体重的优势。成年狗是狗类中最沉着的，是家庭的忠实朋友。罗威纳犬天生就对陌生人和其他狗有警觉性。

### 健康

髋、肘关节的发育不良很常见。关节疼痛会造成狗的跛行，有些狗甚至在只有几岁大的年轻时候就会跛脚。眼睑内翻也是常见病。

### 时间花费

不太需要梳毛。训练要从小开始，很容易，但需要周期性的强化，尤其是对公狗。个性沉稳有风度，可以在较大的开放空间中活动。

头大身子小。

## 基本资料

| | |
|---|---|
| 身高： | 58—69厘米（23—27英寸） |
| 体重： | 41—50千克（90—110磅） |
| 寿命： | 9.8年 |
| 最初用途： | 放牧/守护 |
| 产地： | 德国 |
| 颜色： | 黑色和黄褐色相间 |
| 兴奋度： | 1—4 |
| 可训度： | 6—7 |
| 吠叫度： | 2 |
| 爱玩度： | 2—5 |
| 掌控欲： | 6 |

75厘米（29½英寸）
50厘米（19½英寸）
25厘米（9¾英寸）
0
成年狗
小狗

# 大丹犬（Great Dane）

　　这是另一种流行的重型犬，是所有狗中最高贵和最令人印象深刻的。大丹犬基本上和狗主人一样重，但是运动量却比主人要少很多。其结果就是，尽管它们的体型要比狗亲戚吉娃娃犬（参见35页）大上80倍，但成年后，它们却更愿意过一种悠闲的生活。你会惊奇地看到它们非常适应城市生活。

## 基本资料

| | |
|---|---|
| 身高： | 79—92 厘米（31—36 英寸） |
| 体重： | 50—80 千克（110—176 磅） |
| 寿命： | 8.4 年 |
| 最初用途： | 看门 |
| 产地： | 德国 |
| 颜色： | 浅黄褐色，黑色，蓝色，斑点色，斑色 |
| 兴奋度： | 2 |
| 可训度： | 5 |
| 吠叫度： | 3 |
| 爱玩度： | 3 |
| 掌控欲： | 5 |

100 厘米（39 英寸）
75 厘米（29½ 英寸）　　　成年狗
50 厘米（19½ 英寸）
25 厘米（9¾ 英寸）　　小狗
0

这种斑斓的颜色很少见。

## 狗种认同

　　育犬师说大丹犬的祖先是吓人的奄蔡特犬（Alaunt），1000年前奄蔡族征服欧洲时从俄罗斯亚洲地区带来的一种打斗犬。基因研究显示，大丹犬的现代品种是最近300年里繁殖出来的，可能是从奄蔡特獒犬（Alaunt Mastiffs）和灵缇犬（Greyhound）杂交而来的。大丹犬的起源地在德国和丹麦曾反复争夺的地区。法国博物学家布丰（Comte de Buffon）在18世纪早期曾经用丹麦文、英文和法文给狗起过名字，但在19世纪晚期，德国人开始把大丹犬看作是德国狗狗，它现在则成了德国的国狗。

## 体型考量

　　大丹犬比其他狗长得都要快。给小狗喂食营养均衡的狗粮，不需要额外添加钙片。但是一定要控制剧烈的日常运动，以防止对快速生长的骨骼造成损伤。可以走台阶，但是不要猛跑。养大丹犬是很昂贵的。狗粮和医药上会花费更多，假日旅馆的费用也是一样。

## 对狗的预期

### 性格

　　所有的小狗都很好奇，大丹犬的小狗一般比罗威纳犬的小狗更有破坏力。成年的大丹犬很安静，特别感性，但又是热心的看门狗。

### 健康

　　健康问题是个麻烦。有些狗会忽然患上心脏扩张疾病，颈部上方椎骨的不稳定会引起身体摇摆不稳的症状。大多数的致命性病是胃扩张肠扭转或肠扩张。髋骨发育不良是另外一种遗传病。和所有大型犬一样，预期寿命很短。

### 时间花费

　　大丹犬这样的大狗，并不需要花费多少时间。狗毛会自动清洁，训练一点儿也不复杂，运动可以很悠闲。

*大丹犬小时优雅，成年后很有尊严。*

# 迷你和玩具贵宾犬（Miniature and Toy Poodles）

毛发可以修剪得很有造型。

所谓时尚，当然就是变幻莫测，而贵宾犬就是其中的佼佼者。在英国，它们的数量似乎在持续下降，每年登记的小狗数量不到1000只。在北美和欧洲大陆，贵宾犬仍然保有着自身的价值：可训度高，调皮爱玩，不换毛掉毛，适合家里有过敏体质的人来养。

每4至6周需要修理一次毛发。

## 体型考量

身体线条流畅、运动型的小贵宾犬已经存在几百年了，是高雅的巨型标准贵宾犬的缩小版。20世纪早期，这些小型贵宾犬在北美和英国被划分为迷你贵宾犬或者更小的玩具贵宾犬。这对贵宾犬并不适合，因为它们体型千变万化，有很小的贵宾犬，也有细高的和大型的贵宾犬。欧洲的犬类登记更为灵活，他们认可的标准范围较广，既有比标准体型小的贵宾犬，也有比迷你体型大的贵宾犬。

## 对狗的预期

### 性格

迷你贵宾犬很活泼、警觉，也很顺从，不太可能把你家搞得一团糟。它们生来就富有感情。玩具贵宾犬可能没那么调皮，但会更喜欢啃咬。

### 健康

这两种贵宾犬都可能因滑倒而导致膝盖受伤，迷你贵宾犬可能会有遗传性心脏瓣膜疾病。早期的牙病很常见，一般4岁左右就有了。因为健康状况很好，所以小型贵宾犬的寿命比其他犬种都长。

### 时间花费

健康良好，训练简单，可以带到小的空旷之处做它们喜欢的剧烈运动。每4至6周，最好找专业人士给狗修剪一次指甲和毛发。

## 贵宾犬不是某个人的"贵宾犬"

当媒体把贵宾犬渲染成是一种软弱无助而又依赖人的小不点时，贵宾犬的数量开始减少。新闻界仍然会把习惯于做一个追随者而不是领导者的人称为"贵宾犬"。确实，在20世纪中期，也就是贵宾犬最受欢迎的高峰期，育犬师胡乱繁殖了很多贵宾犬，但是如今情况已经不同了。现在，几乎每一只我见过的迷你贵宾犬或玩具贵宾犬小狗都具有成为超级伴侣犬的潜质。因为它们很少有皮肤问题，狗主人也会经常给它们洗澡和修理毛发，所以相较于其他的犬种，它们更不易让人过敏。

## 基本资料

| 身高： | 玩具型 25.5—28 厘米（10—11 英寸）<br>迷你型 28—38 厘米（11—15 英寸） |
|---|---|
| 体重： | 玩具型 2.5—4 千克（5½—9 磅）<br>迷你型 4.5—8 千克（10—18 磅） |
| 预期寿命： | 玩具型 14.4 年<br>迷你型 14.8 年 |
| 最初用途： | 伴侣犬 |
| 原产地： | 法国 |
| 颜色： | 任何单色 |
| 兴奋度： | 玩具型 8, 迷你型 7 |
| 可训度： | 玩具型 7, 迷你型 9 |
| 吠叫度： | 玩具型 9, 迷你型 9 |
| 爱玩度： | 玩具型 7, 迷你型 8 |
| 掌控欲： | 玩具型 5, 迷你型 4 |

50厘米（19½英寸）

25厘米（9¾英寸）　　　　　　　成年狗

0　　　　　　　　　　　　小狗

# 标准贵宾犬（Standard Poodle）

那些为狗设计的愚蠢发型，会给人留下错误的印象。我已开始喜欢标准贵宾犬多过任何其他的犬种。在看上去傻傻的发型之下，是一只风度翩翩、放松自在、极易训练的工作犬。要是不帮它剪毛的话，它的全身就会乱蓬蓬的，毛发打结，还有味道，患皮肤病的概率会增加。只要像剪羊毛那样，给它全身简单修理一下，它看上去就会高贵又有尊严。

## 祖先是工作犬

和某些修剪狗毛的理发师想要推销的形象相反，这种狗并不老成稳重。那种奇怪的流行发型——腿上的毛剃得光光的，只在关节部位留下一团蓬松的毛发——其实是在提醒：贵宾犬的祖先是水里的工作犬，会从水中找回弓箭，还有射中的鸟。最初的贵宾犬叫做 Pudeln，大概是在德国繁殖出来的，后来成为法国的"水狗"（duck dog），也称为卷毛狗（Caniche）。它们的皮毛保温性极好，生长在寒冷地区的狗，毛发会长得很长。

## 新犬种的种狗

所有的贵宾犬，尤其是标准贵宾犬，具有很高的可训度，在所有犬类中名列前茅。它们喜欢互动型的运动，和小型贵宾犬不同，它们没那么活泼好动，个性更安静，不会让你追着到处跑。综合素质不错。所以标准贵宾犬是用来和其他种类的狗杂交繁殖的不二之选，可以培育出诸如拉布拉多贵宾犬和金毛贵宾犬，而体型小些的贵宾犬则可繁殖出可卡贵宾犬和北京贵宾犬。

## 对狗的预期

### 性格

尽管和相同体型的其他狗相比，标准贵宾犬的攻击性不强，但它们仍然是意想不到的出色看门狗。它们的个性比较温和，既不特别具有破坏性，也不过于爱玩耍。

### 健康

一种遗传性疾病，皮脂腺炎，会引发慢性皮肤病。胸部很深，比其他犬种更容易得致命的胃扩张肠扭转，也叫胃扩张肠膨胀。

### 时间花费

特别容易训练，训练效果很好。对剧烈运动的要求一般。毛发修理上，要是你自己来的话，会很花费时间，还是找专业人士帮忙，最好每个月修剪一次。

*身上的被毛像羊毛一样，每6周修剪一次。面部的毛则要剃干净。*

# 拉萨犬（Lhasa Apso）

我得承认，要是只看狗的外表，我有时还是搞不清楚大的西施犬和小的拉萨犬有什么不同。但我要是能和它们互动一下，它们之间的不同就显而易见了。和西施犬一样，拉萨犬在英国很受欢迎，但在欧洲其他地区和北美则一般。拉萨犬在性情上更谨小慎微，在回应陌生人的时候显得很有想法。

*展示犬的毛会盖过眼睛。*

## 警觉的守护者

西藏和不丹的和尚把拉萨犬和西施犬的某些祖先当作伴侣犬或者看门狗来养。这种狗的藏文名字叫做"Apso Seng Kyi"，意思大概是"像吼狮一样的哨兵狗"。拉萨犬当然会吠叫，而且比西施犬更会吠叫。在进行服从训练的时候，它们很有自己的想法，常常会和主人的意见相左。它们的毛发浓密而厚实，能抵挡冬天的寒冷，只是清洁和整理起来很麻烦，尤其是这种狗会说服自己的主人，别把毛发修剪太当回事儿。

## 健康而长寿

拉萨犬和西施犬都相当健康，也有较长的寿命。育犬师告诉我说，最好不要修剪小狗的胎毛，长到9个月大的时候，全部胎毛就会变为成年狗毛了。对西施犬和其他类似的长毛狗而言，别让狗毛遮到眼睛至关重要。狗眼可以看得清楚，这样一来，狗也

## 基本资料

| | |
|---|---|
| 身高： | 25.5—28厘米（10—11英寸） |
| 体重： | 6—7千克（13—15磅） |
| 预期寿命： | 13.4年 |
| 最初用途： | 哨兵 |
| 原产地： | 西藏 |
| 颜色： | 金色，沙色，灰色，石板色，烟灰色，黑色杂色 |
| 兴奋度： | 7 |
| 可训度： | 3—4 |
| 吠叫度： | 8 |
| 爱玩度： | 4 |
| 掌控欲： | 8 |

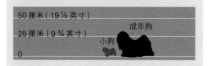

| 50厘米（19½英寸） | |
|---|---|
| 25厘米（9¾英寸） | 成年狗 |
| 小狗 | |
| 0 | |

## 对狗的预期

### 性格

和西施犬一样情感需求很多，但拉萨犬更喜欢吠叫。有些狗可能对主人要求很多，但一般它们都会得到自己想要的，因为它们看上去太可爱了。

### 健康

比西施犬更容易得干燥性角结膜炎，除此之外，没什么特别的遗传病。

### 时间花费

剪毛和训练都很花费时间。天气炎热的时候，很多狗肚子上的毛会被剃光，好让它们凉快些。所有的狗都喜欢运动，但是拉萨犬对场地的要求相对较低。

会不那么害怕面对任何意料之外的触摸或活动。

# 西施犬（Shih Tzu）

一种精致的小型城市犬，喜欢在公园的泥地上小跑，但它缩在沙发上时更为心满意足。这种狗常见于北美10大最受欢迎犬种之列，目前在英国的受欢迎程度也超过了约克夏犬（参见34页）。它们的祖先可能来自西藏，但是现代西施犬是19世纪后期在慈禧太后北京的狗舍中繁殖出来的。

## 基本资料

| | |
|---|---|
| 身高： | 25.5—28厘米（10—11英寸） |
| 体重： | 5—7千克（11—15磅） |
| 预期寿命： | 13.4 年 |
| 最初用途： | 看守 |
| 原产地： | 西藏 |
| 颜色： | 各种颜色 |
| 兴奋度： | 9 |
| 可训度： | 6 |
| 吠叫度： | 6 |
| 爱玩度： | 7 |
| 掌控欲： | 4 |

50厘米（19½英寸）
25厘米（9¾英寸）
0
小狗　成年狗

*把遮眼的毛发扎起来，以改善视线。*

## 对狗的预期

### 性格

黏人而富有感情的西施犬是有孩子家庭的最好良伴。它们会安静地玩耍，不像同体型的某些狗那么闹腾，不太可能把你的家给拆了。

### 健康

两种最常见的遗传病都和体征相关：眼伤（角膜病），以及呼吸困难和心脏不适（短头颅病症）。有些谱系的狗会得白内障。

### 时间花费

尽管它们对活动场地要求不高，通常每年也只需要看1至2次医生，但需要每天修理毛发，很费时间，要有极大的耐心。

## 品种系列

和今天的西施犬相似的小型狗，最初是在20世纪早期到达英国的。某些狗被选来繁殖出具有合群性格的小型狗，另一些则繁殖成稍大的具有较为含蓄性格的狗。最终，小型狗就成了今天的西施犬，稍大的狗就成了拉萨犬。这群狗的第三支则繁殖成了不太常见的西藏㹴犬（Tibetan Terrier）。我看到的有些西施犬特别像脸被压扁了（短头颅）的北京狗。但是毋庸置疑，西施犬更容易训练。

## 美丽而敏感的眼睛

浓密而厚实的长毛需要更经常地打理，否则就会暗淡、打结。可以把遮眼的毛发用头饰在头顶扎起来，让眼睛看得清楚。我更喜欢看到修理过眼眉毛的西施犬。西施犬有着发亮而富有表情的眼睛，要是你看不到它的眼睛的话，它当然也看不到你。只是和北京犬一样，它们突出的眼睛对触碰的敏感度较之别的犬种要低，其结果很不幸地就是，眼部很容易受伤，尤其是那些面部扁平的狗。

*看上去像个好玩的玩具，但是这个玩具有感情，有情绪。*

# 博美犬（Pomeranian）

看上去像个柔软而温暖的粉扑，但是容易生气的博美犬自主意识很强。这是所有犬种中体型最小的一种，却遗传了德国斯皮茨犬（Spitz）那种强硬的、主导性的、"跟着我"的个性。博美犬是120多年前维多利亚女王时期繁殖出来的，在英语国家很受欢迎。但在当时，狗的体型还比较大，被称为矮个子斯皮茨犬或者噜噜（Loulou）。

长得像小狐狸，但更容易训练。

## 北欧探险者

600多年以前，毛发浓密的小耳朵狗陪伴着北欧的维京海盗，征服并穿越了欧洲的心脏。这些狗中的大型犬被用来在现今的德国放牧牲畜，而中小型犬则成了伴侣犬。大中小3种类型的犬种数量在德国和其他地方都在不断衰减，而以旧德国波米兰尼亚州命名的迷你犬则在欧洲、北美和日本不断增长，其数量在另外2种迷你犬——约克夏犬（参见34页）和吉娃娃犬（参见35页）之后，名列第三。

## 小捣蛋？

尽管博美犬又吵又闹的名声在外，但我的经验之谈是，如果你在博美犬还是小狗的时候就把它当成狗来养，而不是把它当成一个娇嫩而无助的小毛球，并且在领养它的时候就给它合适的服从训练，那么这只小博美不仅不会吵闹，还会特别乐于受训，甚至可以接受灵活性训练。但是博美犬天生爱叫，我没有简单的训练方法可以保证它少叫。博美犬虽然是天生的看门狗，但是它们想要引起你关注的时候也会吠叫。有些狗爱叫，仅仅是因为它们喜欢自己叫出来的声音。

**适合公寓住户的品种：**

灵缇犬（不开玩笑！）
意大利灵缇犬
法国斗牛犬
巴吉度猎犬
艾芬品犬
波士顿梗犬
腊肠犬
博美犬
斗牛犬

## 对狗的预期

### 性格

狗主人会觉得博美犬既小巧又娇弱。小巧是没错，但绝对不娇弱。博美犬想当老板，而我遇到的狗主人也都愿意服从。要知道，博美犬被称为"炸药"（Dynamite），我对狗与主人的关系的理解来自于狗的名字。

### 健康

牙龈炎和积累的牙垢很常见，甚至会导致死亡。要经常给博美犬刷牙，或者在它很小的时候，就要教它啃骨头或洁牙棒。

### 时间花费

博美犬需要大量的时间来打扮，尤其是每天都要梳理长而直的毛发，重点部位是羽毛般轻柔而卷曲的尾巴和密实的贴身绒毛。它们有着厚重的皮大衣。

## 基本资料

| | |
|---|---|
| 身高： | 22—28厘米（8¾—11英寸） |
| 体重： | 2—2.5千克（4½—5½磅） |
| 预期寿命： | 13 年 |
| 最初用途： | 伴侣犬 |
| 原产地： | 德国 |
| 颜色： | 白色,奶油色,沙色,灰色蓝色,棕色,褐色,橘红色 |
| 兴奋度： | 8 |
| 可训度： | 5 |
| 吠叫度： | 8 |
| 爱玩度： | 5 |
| 掌控欲： | 6 |

50厘米（19½英寸）

25厘米（9¾英寸）　　　　成年狗

小狗

0

# 马尔济斯犬（Maltese）

在所有小型狗中，马尔济斯犬大概是最简单的，你都想不到它有多好养。它的祖先为梅利塔犬（Melita），大概是通过远东贸易才到了马耳他岛上。现代马尔济斯犬则是近200年来由梅利塔犬、玩具贵宾犬以及可能还有猎犬混合繁殖的结果。这个犬种在日本大受欢迎。

*耳朵半垂。*

## 基本资料

| | |
|---|---|
| 身高： | 20—25.5厘米（8—10英寸） |
| 体重： | 2—3千克（4½—6½磅） |
| 预期寿命： | 13.3 年 |
| 最初用途： | 伴侣犬 |
| 原产地： | 马耳他 |
| 颜色： | 白色 |
| 兴奋度： | 8 |
| 可训度： | 6 |
| 吠叫度： | 8 |
| 爱玩度： | 5—7 |
| 掌控欲： | 3 |

50厘米（19½英寸）
25厘米（9¾英寸） 成年狗
小狗
0

## 白色猎犬

有主意、很凶、爱吵闹是许多小型狗的特点，但是马尔济斯犬是个例外。它的脾气性格更像猎犬而不是㹴犬，我不记得见过哪一只马尔济斯犬是凶狠的。尽管大多数我见过的都是安安静静的，但是有合适的机会，它们也会享受狗都喜欢的运动。它们渴望引人注目。而事实上，它们需要主人喜欢它们。

## 听话可训

和其他狗一样，雄性马尔济斯犬也是一个到处占地盘的家伙，急着在各类柱状物体上撒尿做记号，但是会比约克夏犬（参见34页）要从容些。长长的丝绸般的被毛每天都需要梳理，马尔济斯犬在每天梳理上比别的小狗要合作些。尽管所有的白毛狗都可能会有轻微的皮肤过敏性瘙痒，但这种狗对于那些想要小型狗但又不想面对小型狗的急躁脾气的人特别合适。我见过一只在飞机失事后毫发无损的马尔济斯犬，它在现场走来走去。小小的一只狗，却顽强坚韧。

## 对狗的预期

### 性格

马尔济斯犬是所有小型狗中最不具备攻击性的，很容易训练，绝对不会破坏东西，对第一次养狗的人来说是个绝佳的选择。

### 健康

牙龈疾病很常见。有些亲系的狗会遗传一种叫做肝外门体分流的肝病。

### 时间花费

每天给马尔济斯犬梳理又长又直的毛发的时间要比博美犬少，但同样的时间要花在口腔卫生上。

*展示狗的被毛通常都留得长长的，但是家养的狗都会把毛发剪短。*

# 米格鲁犬（Beagle）

*工作时长长的尾巴会很兴奋地摆动。*

要是有奥林匹克狗赛的话，米格鲁犬会赢得好几个项目的冠军：最宽容的狗，全能吠叫狗，大小便训练最让人沮丧的狗，最听不见训练口令的狗。这种狗真的是古灵精怪，有些地方让人无比喜爱，又有些地方让人十分恼火。图片中是美国品种的米格鲁犬，比英国和法国的品种体型要小，常列在北美最受欢迎的狗前5名。

*鼻子不够黑很正常。*

## 灵敏的鼻子

米格鲁犬的鼻子真是无与伦比。尽管这种狗与其他品种的狗相比更不容易训练，但澳大利亚检验检疫局（AQIS）和美国农业部的"米格鲁犬团队"都证明米格鲁犬是可以训练的。我比较尴尬的经历是，有一次抵达波士顿的洛根机场后，一只米格鲁犬闻出我的旅行包里有一个非法入境的苹果。

## 需要优秀的训犬师

米格鲁犬友善而宽容的性格是其演化历史的合理延伸。它们可能是从小型狩猎犬狗群中繁殖出来的，以方便追随骑马的猎人。它们的合群性格使得它们非常有耐心，无论是面对孩子还是面对其他狗的挑衅都是如此。

如果需要的话，米格鲁犬自然会捍卫自己的利益，但是和大多数其他的狗相比，它不会是挑起争端的那个。很多育犬师常常用"快乐"这个词来描述米格鲁犬，"跟着自己的节拍走"也恰如其分。要是有疑问的话，米格鲁犬会用到自己的声音，它的嚎叫还是挺动人的。但是落单的米格鲁犬更可能用吠叫而不是嚎叫来和自己的家庭成员联络，而它一旦嚎叫起来，可就停不下来了。

## 对狗的预期

### 性格

可能存在"史努比效应"，但这种狗是狗类中最不令人感到害怕的狗之一。幸运的是，它也真的是对人最不具有威胁性的狗之一。

### 健康

大概有20种已知的遗传性疾病，其中最常见的是叫作肺动脉瓣狭窄的呼吸疾病。令人悲伤的是，治疗癫痫的抗惊厥药物常常对米格鲁犬不起作用。

### 时间花费

米格鲁犬会鼓励自己的主人多做运动，因为就它们而言，你在公园的唯一用处，就是带它们去那儿。它们被培育成离开人自己玩儿的狗，到了公园，主人一撒手它就不见了。反过来，只需要很少的时间给它们做毛发梳理。

## 基本资料

| 身高 | 33—41 厘米（13—16 英寸） |
|---|---|
| 体重 | 8—14 千克（18—31 磅） |
| 预期寿命 | 13.3 年 |
| 最初用途 | 小动物猎犬 |
| 原产地 | 英国 |
| 颜色 | 三色，红白相间，柠檬色和白色相间，橘色和白色相间 |
| 兴奋度 | 8 |
| 可训度 | 3 |
| 吠叫度 | 10 |
| 爱玩度 | 6—8 |
| 掌控欲 | 3 |

| 50 厘米（19½ 英寸） | | 成年狗 |
|---|---|---|
| 25 厘米（9¾ 英寸） | | |
| | 小狗 | |
| 0 | | |

# 斗牛犬（Bulldog）

直到不久前，斗牛犬还被视为移动的医疗灾难。犬种培育的标准走向极端，比如说头"尽可能大"。结果就是，这种狗有着一系列的健康问题：弓形腿、皮肤褶皱多而引起的慢性皮肤病，以及呼吸困难；要是不做剖腹产可能就生不出小狗；并且其寿命是所有狗品种中仅次于最短寿命的，只有最长寿命的狗的一半。幸运的是，培育标准现在已经有所改善。

## 标志性犬种

鼻塞、喷着气打响鼻、放臭屁，当它们清理嗓子里的痰的时候，就是有狗缘的人也会离开房间。尽管如此，它们还是一直在北美、英国和澳大利亚广受欢迎。这可能是受到丘吉尔的影响，这位二战期间好战的英国首相和这个具有角斗士美誉的犬种之间有奇怪的相似之处。斗牛犬看上去凶恶，但其实一点也不凶恶。很少有犬种像斗牛犬那样更少攻击性和更悠闲。

## 改善健康

我遇到过的大多数斗牛犬，穷其一生都在努力活下去！因为有着呼吸、心脏和走路等一系列问题，它们

夸张的面部褶皱会引发皮肤问题。

只有很少的体力去做狗应该做的事，比如和别的狗争地盘、参加服从训练，或者和家里其他人或其他狗一起玩儿。现在的情况有所不同了。聪明的育犬师开始把这种狗繁殖成120年前它们的样子，腿更直，头更小，脖子显而易见，更加像狗。这些狗更为健康，寿命也相对更长，比以前的狗更为活跃，反应更为灵敏。看上去就好像对这种狗成功地进行了狗性移植。

长大后会有多余的皮肤。

### 基本资料

| | |
|---|---|
| 身高： | 31—36 厘米（12—14 英寸） |
| 体重： | 23—25 千克（51—55 磅） |
| 预期寿命： | 6.7 年 |
| 最初用途： | 斗牛 |
| 原产地： | 英国 |
| 颜色： | 浅褐色，红色，斑点色；单色，而脸部为黑色或白色 |
| 兴奋度： | 3 |
| 可训度： | 3—5 |
| 吠叫度： | 3 |
| 爱玩度： | 1—3 |
| 掌控欲： | 3 |

50 厘米（19½ 英寸）
25 厘米（9¾ 英寸）
成年狗
小狗
0

## 对狗的预期

### 性格

斗牛犬很简单。就像它们的脸部是扁平的，它们的情绪也是平淡的，除非激起它们潜在的捕食欲望，它们才会变得像恶魔。这种狗既不特别爱玩，要求也不多。它们不太容易接受服从训练，但和其他不爱学习的狗不同，它们不会把精力耗费在破坏上。它们就是躺在那里，喷着响鼻。

### 健康

呼吸和心脏问题；眼睛干燥红眼睛；眼睑疾病；耳聋；髋关节发育不良；脸、爪子、尾巴有皮肤病……要是你养了只斗牛犬，你很快就可以称为医学专家了，当然，要是你没有狗医疗保险，那你会变穷的。

### 时间花费

斗牛犬活动量少于平均值，但是每天都要做皮肤保养。预期会花一定量的时间在宠物诊所。

# 杜宾犬（Dobermann）

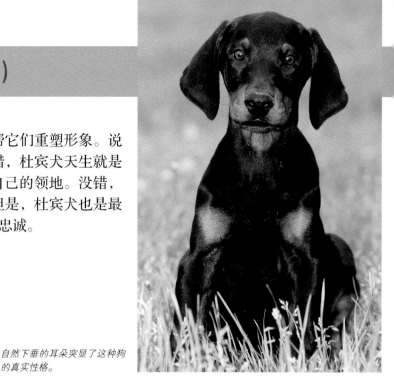

杜宾犬应该聘请专业的公关人士帮它们重塑形象。说杜宾犬是坏狗，真的是言过其实。没错，杜宾犬天生就是看家狗，会用让人害怕的叫声来宣示自己的领地。没错，杜宾犬生来就比别的狗要凶猛一些。但是，杜宾犬也是最容易训练的一种狗，对自己的家庭非常忠诚。

## 混种犬的黄金标准

现今，通过混合品种来繁殖出新型品种——例如，用拉布拉多犬（参见20—21页）和标准贵宾犬（参见45页）配种繁殖出来拉布拉多贵宾犬——让犬业俱乐部大皱眉头。但这正是德国征税员杜宾曼所做的事。他把罗威纳犬（参见42页）、魏玛犬（参见41页）、德国

*自然下垂的耳朵突显了这种狗的真实性格。*

猎犬，加上曼切斯特㹴犬和英国灵缇犬混合配种，繁殖出这种令人惊讶地富有感情、忠诚、但一有机会就会搞出惊人破坏的狗。要是无所事事的话，杜宾犬可以一天之内把你的家全毁了！

## 数量大起大落

有两大理由让杜宾犬不受欢迎。一是它被贴上了危险、爱咬人、爱吓唬人的标签。公狗肯定是爱咬人的，但是母狗对别的狗威胁性很小。这种狗太容易训练了，以至有些狗主人喜欢把杜宾犬训练得对人很凶。但这是训练出来的凶狠，不是天生的。它们同样可以很容易就被训练得对陌生人友好。杜宾犬曾经（在很多地方至今仍是如此）也被断尾剪耳，好让它们看上去凶狠一些，更坏的名声就是这么来的。还有一个原因，就是不负责任的育犬师没有淘汰有神经质特征的杜宾

犬，结果就是它们可能会因为害怕而咬人。既然杜宾犬的数量已经衰减很多，希望品种繁殖的控制权可以回到那些很负责地选择最优良品种进行繁殖的育犬师手中。

## 对狗的预期

### 性格

杜宾犬天生有着下垂的耳朵和细小的晃来晃去的长尾巴，显示了杜宾的真实性格。它天生就是喜欢和人做朋友的。

### 健康

一种常见的遗传性疾病叫做扩张型心肌病，是这种狗短命的主要原因。其他常见病有颈椎椎体失衡或者摇摆综合征，椎间盘疾病，凝血障碍以及血管性血友病。

### 时间花费

毛发梳理不费事，很容易训练，但是杜宾犬的身心需要大量的运动，每天至少2个小时。

## 基本资料

| | |
|---|---|
| 身高 | 61—71 厘米（24—28 英寸） |
| 体重 | 30—40 千克（66—88 磅） |
| 预期寿命 | 9.8 年 |
| 最初用途 | 看门 |
| 原产地 | 德国 |
| 颜色 | 黑色、棕色、浅黄褐色，或蓝色红色相间 |
| 兴奋度 | 3—5 |
| 可训度 | 9 |
| 吠叫度 | 3 |
| 爱玩度 | 5—7 |
| 掌控欲 | 9 |

75 厘米（29½ 英寸）
50 厘米（19½ 英寸）　成年狗
25 厘米（9¾ 英寸）　小狗
0

# 惠比特犬（Whippet）

有些男士会认为这种狗难以应付。它们看上去像女孩子——小巧，纤细，是狗王国中的芭比娃娃。但是养狗的人很快就知道，家里有一只这种狗，无异于是养了两只性格截然不同的狗。在家里，惠比特犬是世界上最成功的"沙发土豆"，懒着不动弹。但一到了户外，惠比特犬就成了羚羊，成了松鼠和兔子的"死亡天使"。男人们最喜欢带着惠比特犬外出运动了。

## 基本资料

| | |
|---|---|
| **身高：** | 43—51 厘米（17—20 英寸） |
| **体重：** | 12.5—13.5 千克（28—30 磅） |
| **预期寿命：** | 14.3 年 |
| **最初用途：** | 猎兔子 |
| **原产地：** | 英国 |
| **颜色：** | 任何颜色 |
| **兴奋度：** | 6 |
| **可训度：** | 6 |
| **吠叫度：** | 3 |
| **爱玩度：** | 5—8 |
| **掌控欲：** | 1 |

75 厘米（29 ⅓ 英寸）
50 厘米（19 ½ 英寸） 成年狗
25 厘米（9 ¾ 英寸） 小狗
0

## 安静而放松的伴侣

这也是一种混种狗，是由小的灵缇犬和狄犬杂交繁殖出来的。（贝灵顿狄犬，就像是卷毛惠比特犬，寿命预期和惠比特犬一样，品种来源地也差不多。）惠比特犬是孩子们的良伴，但是它细长的四肢很脆弱，容易骨折。这种狗对人几乎从来都不会很凶，当然，和其他的狗一样，要是受到挑衅的话，也是会回击的。

## 活热水瓶

有些狗天生就容易长胖，但这种狗肯定不是。它们脂肪很少，皮肤很薄。因为毛发很细，而且没有保温隔热的底毛，惠比特犬没办法抵御寒冷。所以，惠比特犬有一个令许多狗主人都羡慕不已的习惯：它们会和人抱在一起取暖，甚至会在晚上钻到被子里。它们的主人会把这种行为称为"爱"。很少犬种在户外时会需要穿衣服保暖，但在寒冷恶劣的气候下，惠比特犬绝对需要穿衣服。

## 对狗的预期

**性格**

惠比特犬安静、温顺，并富有爱心。它们会很生动地通过转动耳朵、变换唇型及眼神来表达情绪。

**健康**

惠比特犬一般每年做一次体检即可。它们没有什么严重的遗传性疾病，但薄薄的皮肤容易受伤，长而纤细的骨骼容易骨折。

**时间花费**

不需要费心打理毛发。训练时间和散步时间都是平均值。惠比特犬跟你散步的时候是按着自己的速度走路的，一回家就直奔沙发。

*警觉时全身的毛都会竖起来，放松时耳朵平搭着，尾巴藏在腿间。*

# 边境牧羊犬（Border Collie）

*10周大就显得很体贴。*

执着? 强制? 错乱? 边境牧羊犬在所有的智力测试中大概都能拿第一，但是这种狗非常不稳定。在受到欢迎的地方，动物行为专家发现，边境牧羊犬的行为问题（比如在花园里很执着地追逐飞机的影子或者追着自己的尾巴）比任何其他品种更多，或者说有时比所有的品种都多。客观地来说，边境牧羊犬需要"干活"，但是城市狗实在没什么活可干。

*注视和倾听的时候，会滑稽地歪着脑袋。*

## 优秀全才

这种性格单纯的狗的注册数据并不能反映其受欢迎程度。在乡下，边境牧羊犬是最受欢迎的品种之一，是养牲畜的农家和普通农家的工作良伴。它是最棒的搜寻和救援犬，是最灵敏、最听话的狗，是最喜欢运动的狗。它简直就是个全才，样样都好。结果在有些活动上，主办方不得不将边境牧羊犬单独列一个组，而让其他所有的狗列在另外一个组。

## 狗的挑战

但这并不代表边境牧羊犬是居家好宠物。正好相反。培养宠物展用犬的育犬师，会挑选不太热衷运动的狗来繁殖，但即便如此，这种狗仍然需要大量的体力和智力运动。要是主人不带着它做大量的消耗能量的运动，狗会自创游戏：追逐慢跑者或者骑自行车的人，在公园里围着其他狗跑。很多人完全没有想到这种狗会占去他们生活中那么多的时间，结果是你会常常在收容中心看到等待重新找新家的边境牧羊犬。

## 基本资料

| | |
|---|---|
| 身高： | 46—54 厘米（18—21 英寸） |
| 体重： | 14—22 千克（31—48 磅） |
| 预期寿命： | 13 年 |
| 最初用途： | 牧羊 |
| 原产地： | 英国 |
| 颜色： | 黑白色相间,三色,黑色,蓝色,褐色,红色 |
| 兴奋度： | 8 |
| 可训度： | 10 |
| 吠叫度： | 3 |
| 爱玩度： | 7 |
| 掌控欲： | 5—7 |

| | |
|---|---|
| 75 厘米（29½ 英寸） | |
| 50 厘米（19½ 英寸） | 成年狗 |
| 25 厘米（9¾ 英寸） | 小狗 |
| 0 | |

## 对狗的预期

### 性格

不要以为边境牧羊犬很容易训练，就觉得它们会很乖。它们容易害怕，会预先展现自己的防卫状态。有孩子和边境牧羊犬的家庭要格外小心，这种狗放牧的本能从小就很强烈。

### 健康

边境牧羊犬有一种常见的眼病，被称为"牧羊犬眼症状"，还容易患髋关节发育不良症。过度好动，比一般狗更容易受伤。

### 时间花费

所有边境牧羊犬掉毛都很厉害，但是长毛狗需要每天刷毛和梳理。训练很简单，即使是各种高难度的训练对它们也不难。预期会花时间和训犬师一起讨论狗的行为问题。

# 澳大利亚牧羊犬（Australian Shepherd）

这种狗的个性，就像是做了IQ芯片移植的拉布拉多犬（参见20—21页）。在2006年英国克鲁弗兹狗展上获胜后，其数量在北美急速增长，欧洲的狗主人们也开始知道它们了。澳大利亚牧羊犬是狗从原始的实用角色转变成和蔼可亲的家庭一员的典范。这种狗代表着未来发展的趋势。

### 养狗新手的理想之选

100多年前这种狗在加州由澳大利亚和新西兰进口的牧羊犬繁殖而成，和曾经的加州人还蛮像的：平易近人，悠闲自在，风度翩翩。狗的体型不大不小（比其他流行的品种稍大），所以你无论想养大狗还是小狗都可以选它。澳大利亚牧羊犬可能仍然会放羊，它行动敏捷，容易训练。但是它目前的定位是一个极受好评的居家伴侣。

### 好玩易训

没什么太大兴趣做"领头狗"，和其他狗相比也没那么活泼（但还是会像看门狗那样反应敏捷和警觉），喜欢和孩子打成一片，澳大利亚牧羊犬同金毛猎犬（参见26页）、骑士查理王小猎犬（参见28页）一样，是一种杰出的现代伴侣狗。有些育犬师试图繁殖更小体型的牧羊犬，但这有可能会让狗变得更为神经质。

*这种狗和边境牧羊犬极其相似。*

50厘米（19½英寸）　成年狗
25厘米（9¾英寸）　小狗
0

# 西伯利亚哈士奇犬（Siberian Husky）

盯着哈士奇犬警觉的淡蓝色眼睛，可以看得出来，它在思考。这个品种的狗傲慢到近乎专横，但却在饱受时尚的煎熬。我在东京、罗马、纽约和伦敦都看到过这种狗。它们的数量不断增长，但是它们却不是城市狗，不适合在城市生活。这种狗渴望生活在乡村的户外，特别是在寒风凛冽的天气里拉着东西的时候。

小狗的蓝眼睛，长大后也不会变。

哈士奇犬是优秀的运动员，天生耐力超强。

## 极地生命

几个世纪以来，生活在严酷的极地气候下的土著居民，就是靠着自己的狗的帮助才生存下来。在阿拉斯加、加拿大和格林兰岛，会干活的哈士奇犬体型较大，但在西伯利亚和楚科奇人一起生活的哈士奇犬则体型更小，也更轻一些。也就是在100多年前，动物毛皮商人把这些狗带到了阿拉斯加，它们在当地的雪橇比赛中表现出色。结果，50年之内，西伯利亚的哈士奇犬在北美风行，最近50年里在欧洲和日本也受到欢迎。

## 原始品种

基因研究显示，这真的是一种古老的犬种，和松狮犬、秋田犬这些古老的品种一样，西伯利亚哈士奇犬生性淡漠，很少显露自己的情绪。这些狗很独立，需要有经验的爱狗人士训练它们。然而，它们天生喜欢挑战体力极限的运动，是那些喜欢冬季运动之人的最好伴侣。西伯利亚哈士奇犬体型不大，是最好的雪橇狗，它们在雪上游戏中表现尤为出色。

## 基本资料

| | |
|---|---|
| 身高： | 51—61 厘米（20—24 英寸） |
| 体重： | 16—27.5 千克（35—60 磅） |
| 预期寿命： | 13 岁 |
| 最初用途： | 拉雪橇 |
| 原产地： | 俄国 |
| 颜色： | 眼睛和毛发可能是任何颜色 |
| 兴奋度： | 8 |
| 可训度： | 2 |
| 吠叫度： | 5 |
| 爱玩度： | 1 |
| 掌控欲： | 9 |

75 厘米（29 ½ 英寸）
50 厘米（19 ½ 英寸） 成年狗
25 厘米（9 ¾ 英寸） 小狗
0

## 对狗的预期

### 性格

固执、淡漠，天生爱与别的狗打架，很难训练，不太懂得屈服，不是新手可以养的狗。可是，这种狗漂亮至极，如果训练得早，能够学会怎么成为家庭一分子。

### 健康

可能会有些眼睛的疾病，但除此以外，就没有什么大的问题了。

### 时间花费

毛发浓密，需要打理。训练很费事，要是没有拴狗绳牵住，不知道它会怎么表现。每天几个小时的运动量是必须的，要是不听话跑掉，还得花上一些时间把它找回来。在占有你的时间上，它可是赢家。

# 杰克罗素㹴犬（Jack Russell Terrier）

它们是㹴犬世界中肌肉坚硬、动作灵活的突击队，易怒，有时有点凶，但同时又很出色。直视它们的眼睛，你会发现它们在默默无声地对你说："杰克，我很好。"犬业俱乐部的登记表明这种狗并不流行，但实际上不是这样。大多数的杰克罗素㹴犬都没有登记在册。这些精力充沛的狗大概是英国最受欢迎的㹴犬。

## 天生的硬骨头

在狗身上，有些狼性消失了，但也有一些反而更为突显。杰克罗素㹴犬是个好斗的小东西。狼会使用身体语言来避免矛盾和打斗，但是杰克罗素犬根本不管那些微妙差异。这种狗的座右铭是："如果有疑问，那就咬。"还好，除了好斗之外，它们还很活泼。但如果你正考虑和一只杰克罗素犬一起生活的话，一定要考虑这种性格因素。守规矩方面的训练很重要。公狗会比母狗更好斗，母狗和别的狗相处时会相安无事。但是无论哪种性别，这种狗和人都很亲，和家里人一起活动时会兴奋不已。

## 打猎史

带它们去野外要当心。它们会不管不顾地冲出去搜寻猎物，完全不考虑自己的安危，这让人担心。杰克罗素犬有刚毛的，也有滑毛的。还有腿比较长的巴森罗素㹴犬（Parson Russell Terrier），个性热情洋溢，比更受欢迎的杰克罗素犬表亲更听话。

## 对狗的预期

### 性格

个性坚强。尽管体型小得可以塞进手提行李箱，但大家都很喜爱它们。最好是两只一起养，而且一公一母，因为同性别的狗容易打架。

### 健康

杰克罗素犬是宠物医生的爱犬。它们没有严重的遗传病；因为它们的生活态度，和许多其他品种相比，它们可能更容易受伤，需要全面检查。它们对治疗配合度很高。

### 时间花费

这种狗精力充沛，总是乐意玩新游戏，每天最少需要 2 个小时的智力训练和体力运动。刚毛犬的狗毛需要每天梳理。

## 基本资料

| | |
|---|---|
| 身高： | 25.5—31 厘米（10—12 英寸） |
| 体重： | 4—7 千克（9—15 磅） |
| 预期寿命： | 13.6 年 |
| 最初用途： | 捕鼠犬 |
| 原产地： | 英国 |
| 颜色： | 黑白色相间，棕色和白色相间，三色 |
| 兴奋度： | 9 |
| 可训度： | 4—6 |
| 吠叫度： | 3 |
| 爱玩度： | 7—9 |
| 掌控欲： | 8（母狗稍少） |

50 厘米（19 ½ 英寸）

25 厘米（9 ¾ 英寸）　　成年狗

小狗

0

*狗毛有顺滑的，也有刚毛的，或者像图中一半顺滑的。*

# 混种狗（Cross-breeds and mutts）

瞧瞧这10年来的变化吧。现今这个时代，有社会责任感的狗主人会觉得领养一只混种狗宝宝是一件好事。流浪狗收容所等待领养的狗，肯定是混种狗多过纯种狗。但是我见到的很多混种狗，是由没有筛查过遗传疾病的双亲繁殖的，其结果就是，在基因健康上没有改进。混种狗既有优点，也有缺点。

### 混种狗和串种狗

用来描述非纯种狗的名字可能会让人困惑。混种狗（Cross-breeds）是指由两种纯种狗杂交出来的后代。因为拥有混种狗而来的一些特定状况，新闻工作者们巧舌如簧地将之称为"时尚狗狗"。串种狗（Mixed-breed）是指由两种以上的纯种狗杂交而成的狗。尽管是几种狗的杂交，但狗身上可能会只显示出一种占主导性的狗的特性，如㹴犬或猎犬。串种狗也被称为"串串狗"（Random-breeds），并有各种各样的昵称，有些很好玩，很善意，比如傻瓜、笨蛋；有些则由一个中性词演变而成，带有贬义，比如杂种、混蛋。

### 尚未自成一类

"犬种"是指一个狗的种群，有相同的基因特征，有相符的外表和行为特征。精心挑选而繁殖的混种狗也许会有犬种名，比如马尔济斯贵宾犬

## 杂交优势

"杂交优势"一词最开始是用在植物育种上，因为杂交的植物无论在型态大小、生长速度、丰产性以及坚韧度上都比亲本植株强。在植物育种上，如果杂交种在一起组配，那么这种优势大概经8代之后就会消失。杂交优势在狗身上的体现是体型：拉布拉多贵宾犬的第1代通常会比父母腿长。混种繁殖虽然不是总能消除有害的隐性基因，但常常会将其稀释淡化。这意味着，某一犬种的健康问题在它们的混种儿女身上会少见。

（Maltepoo），但这些还不算是真正的犬种，因为犬种特质还不稳定。有选择地进行混种繁殖的狗要经历7代甚至8代后，才会在外表和行为特征上真正一致。目前这种情况仅仅发生在澳大利亚拉布拉多贵宾犬这种新犬种身上。可卡贵宾犬尽管也培育了足够多的稳定的特征，但仍然不算。混种狗有时也被称为杂交狗。杂交是两种不同物种的交配繁殖，例如，野牛和家牛交配而生的朱牛，狮子和老虎交配而生的虎狮，马和驴交配而生的骡子。混种狗并不是真正的杂交狗，大家只是习惯了这么叫。

*几年前，大家还认为这只巴哥西施混种狗是繁殖时出了错。今天，市场上已经随处可见了。*

拉布拉多贵宾犬也许是所有混种狗中数量最多的。根据用于繁殖的贵宾犬体型，混种狗在体型大小上差别很大。大多数都像图中这个拉布拉多贵宾犬这么大。

## 外表会骗人

用已经得到认可的犬种名字来给一个混种狗命名，会有意想不到的副作用；这其中深受其害的狗，就是"混种比特斗牛犬"，因为半数以上在收容所中被标上这个名字的狗，身上没有任何一点比特斗牛犬的DNA。2017年发表的一项复杂的研究证实，从所有在收容所的流浪狗身上取下犬种标签后，显著减少了它们在收容所度过的时间，可以帮助它们更快找到新家。

## 混种狗更聪明吗？

混种狗比纯种狗聪明是一个误解，这种误解基于错误的观察。纯种狗是在一种有特权的环境中出生的，生来就亲近人类，很快就学会靠我们来获得食物、住所和安全保障。而混种狗则常常是处于一种困难的环境中。它们很早就学会要自己保护自己，要自己找食物，要独立。它们学会了要为自己考虑。这根本就不是让它们更聪明，只不过是不同的学习方式。

## 混种狗更乖吗？

马格福德（Roger Mugford）是一位有着40多年丰富实践经验的动物行为学家，手里有大量的实验数据。他

### 老布贴士：混种狗

早期在混种狗和纯种狗之间支持前者的一个论据就是，混合来自不同犬种的基因，会导致在遗传父母犬种的问题基因上发生率降低。如果在交配前有可能对父母犬种做测试，那么这种说法可能是对的。但是经常的情况是，混种宝宝是由那些不良商人繁殖的，他们眼中只有钱。在英国，

很多这种混种宝宝，还有那些纯种宝宝，都是在东欧一些可怕的狗宝宝农场繁殖出来的，然后非法运到英国，通过网络出售。如果你想要一只混种狗宝宝，一定要请求见见狗宝宝的父母。要询问它们是否已经作过测试，并且它们身上没有其父母犬种已知的遗传性疾病。不要通过网络购买狗宝宝。

拉布拉多贵宾犬常常是浅色的，但是人们也会选择黑色和棕色的狗进行繁殖。

认为，与纯种狗相比，不管是对狗主人还是对其他的狗，混种狗的支配欲要小很多。但是它们更容易有分离焦虑症，因为它们更依恋它们的主人。

### 特许联姻

第一代混种狗（小狗的代号是"F1"）从父母那里正好继承了50%的DNA。你在广告上看见的大多数都是第一代F1小狗。有兴趣接着往下繁殖的育犬师会把第一代混种狗生下的小狗标为"F2"。这些狗以及后来的狗在外表和性格上和第一代F1狗会有很大不同，因为从父母那儿遗

可卡贵宾犬，即使是同一窝的狗，外表上也差异巨大，会出现各种混合的颜色。

传到的基因的比例差异性很大，F2狗遗传父母基因的比例可能在0到100%之间。7至8代之后，遗传上的变化才基本稳定下来。

### 拉布拉多贵宾犬和澳大利亚拉布拉多贵宾犬

这是有意混种繁殖的祖先。拉布拉多贵宾犬是拉布拉多犬（参见20—21页）和标准贵宾犬（参见45页）交配繁殖的后代；澳大利亚拉布拉多贵宾犬是1980年代以来由犬类繁殖协会精心挑选而培育出来的一种有共同性的、标准化的犬种。

**基本资料**

| | |
|---|---|
| 身高： | 43—66厘米（17—26英寸） |
| 体重： | 20—40千克（44—88磅） |
| 预期寿命： | 标准型12.3年 |
| | 更小型13.3年 |
| 颜色： | 贵宾犬的所有颜色，成年后变白 |
| 兴奋度： | 2—9 |
| 可训度： | 8—9 |
| 吠叫度： | 标准型4—5 |
| | 更小型4—9 |
| 爱玩度： | 8—10 |
| 掌控欲： | 标准型2—3 |
| | 更小型2—4 |

### 可卡贵宾犬

这是可卡犬（参见24—25页）和贵宾犬（参见44—45页）的混种，已经繁殖了约20年。有些育犬师想把这种狗繁殖成符合书面标准的犬种，但是这种狗的多样性比拉布拉多贵宾犬更广泛，因为繁殖中牵扯到4种狗：美国可卡犬和英国可卡犬，迷你贵宾犬和标准贵宾犬。

**基本资料**

| | |
|---|---|
| 身高： | 最高48厘米（19英寸） |
| 体重： | 最重13.5千克（30磅） |
| 预期寿命： | 13.6年 |
| 颜色： | 所有纯色及混合颜色 |
| 兴奋度： | 5—8 |
| 可训度： | 5—9 |
| 吠叫度： | 6—9 |
| 爱玩度： | 5—8 |
| 掌控欲： | 4—10 |

### 北京贵宾犬

北京犬和迷你贵宾犬或玩具贵宾犬（参见44页）的混种，主要在欧洲、北美、日本和澳大利亚繁殖，狗毛蓬松，性格多样。很多继承了贵宾犬的可训练、顽皮、活力四射及好动的个性，有些则继承了北京犬的个性，喜欢静静地观察，是个行动派，能独立思考，喜欢有自己的时间。

**基本资料**

| | |
|---|---|
| 身高： | 高度不同，最高28厘米（11英寸） |
| 体重： | 2—9千克（4½—20磅） |
| 预期寿命： | 14年 |
| 颜色： | 贵宾犬和北京犬所有颜色 |
| 兴奋度： | 7—8 |
| 可训度： | 2—9 |
| 喜叫度： | 9 |
| 爱玩度： | 2—8 |
| 掌控欲： | 4—8 |

## 混种狗更长寿吗？

狗的医疗保险统计显示，上了保险的混种狗的预期寿命中位数为13.2年。这比某些纯种狗的预期寿命要短，比如贵宾犬（参见44—45页）、腊肠犬（参见38页）、松狮犬、西藏㹴犬、杰克罗素犬（参见57页）和米格鲁犬（参见50页）。

巴哥犬跟米格鲁犬混种后，脸就变长了。哈巴小猎犬通常都是肌肉发达。

### 非特许联姻

流行的混种狗是被有意繁殖出来的，但是大多数的混种狗——那些极可能出现在动物收容所里的流浪狗——是意外交配的后果。这些意外

约克贵宾犬很少有约克犬的黑褐相间的颜色。即使是同一窝狗，狗毛也差异显著。

## 马尔济斯贵宾犬

马尔济斯犬（参见49页）和迷你贵宾犬（参见44页）混种繁殖出颜色最淡的后代。因为这两种狗的个性相似，所以其后代的个性也比其他混种狗容易预测。它们通常很容易进行服从训练，观看它们运动的敏捷是一种享受。毛发的打理很费心，最好留给专业人士。

### 基本资料

| 身高： | 高低不等，18—28厘米（8—10英寸） |
|---|---|
| 体重： | 视身高而不同，2.3—5.5千克（5—12磅） |
| 预期寿命： | 14.1年 |
| 颜色： | 各种颜色，但白色最常见 |
| 兴奋度： | 7—8 |
| 可训度： | 6—9 |
| 喜叫度： | 8 |
| 爱玩度： | 5—8 |
| 掌控欲： | 3—5 |

## 哈巴小猎犬

米格鲁犬这类狗（参见50页）和个性独立的巴哥犬（参见36页）混种会繁殖出独特的后代，和版画上的巴哥犬祖先迥然不同，而其自我中心的个性会使服从训练颇具挑战性。那些继承米格鲁犬偏好发声音的狗，其声音对某些人是天籁，而对另一些人则是魔音。

### 基本资料

| 身高： | 33—38厘米（13—15英寸） |
|---|---|
| 体重： | 8—13.5千克（18—30磅） |
| 预期寿命： | 13.3年 |
| 颜色： | 柠檬黄色，麝色，黄褐色，红色，或者有白色标记的黑色，通常黑脸 |
| 兴奋度： | 5—8 |
| 可训度： | 2—3 |
| 吠叫度： | 5—10 |
| 爱玩度： | 6 |
| 掌控欲： | 3 |

## 约克夏贵宾犬

约克夏㹴犬（参见34页）同迷你贵宾犬或玩具贵宾犬（参见44页）混种繁衍出来的后代有着迥异的颜色。它们的个性高度稳定，几乎总是警觉、精力充沛、爱玩儿，并且喜欢吠叫。大部分约克夏贵宾犬都证明了它们是很容易训练的品种。

### 基本资料

| 身高： | 不等，18—38厘米（8—15英寸） |
|---|---|
| 体重： | 不等，1.4—6.5千克（3—14磅） |
| 预期寿命： | 13.8年 |
| 颜色： | 所有的颜色和混合色 |
| 兴奋度： | 7—10 |
| 可训度： | 3—8 |
| 喜叫度： | 9—10 |
| 爱玩度： | 7—8 |
| 掌控欲： | 4—7 |

图右是玛吉，它是我家养的一只狗，看上去可能像拉布拉多犬，但实际上是一只边境牧羊犬和拉布拉多犬的混种。

产生的混种狗在狗世界中面临很多问题，它们可能出身于艰难的环境中，和别的狗不合群，有时也会害怕和人相处。有些混种狗有警犬的血统，如德国牧羊犬（参见22—23页）。还有些有"斗犬"的血统。我是故意在斗犬上加双引号的，因为每一只狗对别的狗而言都是潜在的"斗犬"。"斗犬"，如斗牛犬，是被训练和鼓励去打斗的，但是打斗本来就是狗文化的一部分。

大部分狗会运用威胁性的身体语言来避免打斗。有两个特点可以区别"斗犬"和其他狗：它们不太倾向于回避打斗；打斗时，它们更会撕咬前躯，特别是头部和颈部，且咬住了就不松口。后面这一点才是造成伤害的原因。那些有"斗犬"血统的混种狗几乎都会有行为问题。

## 混种狗也有祖先

### 你的混种狗基因构成是什么？

在过去10年中，大约有100万只狗的品种血统已经被分析，大部分是由Wisdompanel.co.uk和EasyDNA.co.uk分析的。测试是相当精确的，尤其在测试最多的北美更是如此。如果你对你的混种狗的祖先感兴趣，可以做个DNA测试，但不要依靠测试结果来预测可训练性。

## 混种拉布拉多犬

拉布拉多犬的基因显然在混种狗身上更强势，除非是和德国牧羊犬混种（参见22—23页），后者的基因才会更突显。有些看上去像混种拉布拉多犬的狗可能被错认了：它们的祖先更多是猎犬，不太容易训练，不够富有活力，而更喜欢吠叫。

## 混种德国牧羊犬

看上去，无论是性格还是外表，德国牧羊犬的特征在混种狗身上都很显著。它们可能既爱玩，也容易训练，但也会是天生的主导者，而且喜欢吠叫。

## 混种边境牧羊犬

被培育来工作的狗很难在家里静静地待着。混种边境牧羊犬常常遗传了牧羊犬的特征，是富有爱心的伴侣犬，但也常常出现在狗狗救援中心。它们的表现是混种狗中最有问题的。要是被单独留在家中会很焦虑，它们会刨土、吠叫、搞破坏。

### 基本资料

| | |
|---|---|
| 身高： | 不等，大约 56—63 厘米（22—25 英寸） |
| 体重： | 不等，大约 25—36 千克（55—80 磅） |
| 预期寿命： | 约 12.5 年 |
| 颜色： | 各种颜色，通常是单一色 |
| 兴奋度： | 2—9 |
| 可训度： | 6—9 |
| 吠叫度： | 4—8 |
| 爱玩度： | 5—8 |
| 掌控欲： | 3—8 |

### 基本资料

| | |
|---|---|
| 身高： | 不等，大约 55—66 厘米（22—26 英寸） |
| 体重： | 不等，大约 28—44 千克（62—97 磅） |
| 预期寿命： | 约 12 年 |
| 颜色： | 各种颜色，但以黑色和褐色居多 |
| 兴奋度： | 2—9 |
| 可训度： | 6—9 |
| 喜叫度： | 4—8 |
| 爱玩度： | 5—8 |
| 掌控欲： | 3—8 |

### 基本资料

| | |
|---|---|
| 身高： | 不等，大约 46—54 厘米（18—21 英寸） |
| 体重： | 不等，大约 14—22 千克（31—48 磅） |
| 预期寿命： | 约 13 年 |
| 颜色： | 通常为黑色或黑白色相间 |
| 兴奋度： | 5—8 |
| 可训度： | 5—10 |
| 喜叫度： | 3—8 |
| 爱玩度： | 5—8 |
| 掌控欲： | 3—7 |

## 长期混种的结果

在同一类混种狗中不断随机繁殖，最终这类狗会出现稳定的特性。这些狗通常重15—20千克（33—44磅），站立时肩高40—60厘米（15½—23½英寸），颜色为浅棕色或黑色。世界上很多野狗都长得这个样子，比如迦南狗、卡罗来纳狗和葡萄牙狗。这些狗都是从土著野狗——即当地"野狗"或"草狗"——繁殖出来的。

*同种混种狗繁殖，其被毛颜色会还原成黄褐色，这在狸犬混种狗中很常见。*

## 流行的贵宾混种狗

很多新的混种狗中有贵宾犬的血统不是偶然的。曾经有一段时间，贵宾犬特别受欢迎，但是现在它们已经不怎么流行了。我认为部分的原因在于它们不易打理的毛发给人留下的坏印象。现在的狗主人并不想要一只以发型著名的狗种。贵宾犬受欢迎度衰落真的是个遗憾，因为就狗的大脑而言，贵宾犬是很聪明的狗：及时回应人，反应敏捷，可训度高。育犬师深知这一点，虽然他们（错误地）宣称贵宾混种狗不易让人过敏，适合过敏者，但是贵宾犬很受欢迎是因为用贵宾犬来杂交，可以保证混种狗宝宝的活力和可训练性。

## 小型混种狸犬

这种混种狗曾经很常见，不过杰克罗素狸犬（参见57页）与其他类型狸犬的各种体型的混种狗仍然最常见。混种狸犬有很强的狩猎倾向，对这一点要有心理准备。这给那些同时还养猫或是老鼠的家庭可能会带来许多问题。

## 混种灵缇犬

纯种灵缇犬常常会需要新家，尽管它们体型很大，但它们需要的生活空间真的很小。混种灵缇犬常被称为勒车犬（Lurchers），它们经常会被送到救援中心。它们的性格虽然各异，但都有很强的捕猎倾向。

## 混种牛头狸犬

通常很热爱人类，但对其他的狗不友好，对猫和老鼠这些小动物更是潜在危险。混种牛头狸犬差不多总是神采奕奕，需要在可控的环境中以可控的方式帮它们消耗掉过多的旺盛精力。

### 基本资料

| 身高： | 不等，最高 35 厘米（14 英寸） |
|---|---|
| 体重： | 不等，通常 4—8 千克（9—18 磅） |
| 预期寿命： | 约 13.6 年 |
| 颜色： | 各种颜色 |
| 兴奋度： | 7—9 |
| 可训度： | 4—6 |
| 喜叫度： | 3—8 |
| 爱玩度： | 5—8 |
| 掌控欲： | 5—8 |

### 基本资料

| 身高： | 不等，69—76 厘米（27—30 英寸） |
|---|---|
| 体重： | 27—32 千克（59—70 磅） |
| 预期寿命： | 约 13.2 年 |
| 颜色： | 各种颜色 |
| 兴奋度： | 2—7 |
| 可训度： | 2—7 |
| 喜叫度： | 2—7 |
| 爱玩度： | 2—7 |
| 掌控欲： | 5—9 |

### 基本资料

| 身高： | 不等，35—51 厘米（14—20 英寸） |
|---|---|
| 重量： | 不等，11—30 千克（24—66 磅） |
| 预期寿命： | 约 11 年 |
| 颜色： | 各种颜色，通常为褐色白色相间，黑色白色相间，或斑点色 |
| 兴奋度： | 7—10 |
| 可训度： | 2—7 |
| 喜叫度： | 2—6 |
| 爱玩度： | 5—10 |
| 掌控欲： | 5—9 |

# 适合你的新狗

到底是养纯种狗还是混种狗呢？希望你现在找到了自己的答案。接下来要决定的是养小狗还是成年狗，是喜欢公狗还是母狗。最后的挑战就是到哪里去找狗，怎样才能从芸芸众狗中找到属于你的那只。但在你做决定之前，想想狗的需要是什么。扪心自问一下，自己是否适合养狗。你愿意花钱、花时间养狗吗？愿意为狗提供一个遮风挡雨的住处吗？愿意在精神上和运动中陪伴狗吗？愿意今后15年都对狗不离不弃吗？别自私，要诚实。确保你是狗愿意与之相伴一生的那种人。

> **敏感的狗的理想主人要具备：**
>
> 充足的时间
> 能投掷的身手
> 良好的领导素质
> 能忍受狗的异味
> 能陪狗走很久
> 像石头般有耐心
> 让狗舒服的怀抱
> 忠诚的品格

## 小狗还是成年狗？

8周大的狗宝宝就像一块黏土，随便你怎么塑造。这是狗一生中最容易受影响的时期，是它最愿意学习新东西的时候，对陌生世界的恐惧感也还没有形成。行为学家有时会用"社会化时期"这个术语来描述狗一生的这个阶段，养小狗的好处在于这个阶段会一直持续到它3个月大的时候。这也就意味着，如果小狗的出生背景良好，它会相对较

为容易融入新家庭的生活之中。为了在早期对狗进行合适的社会化，小狗在8周大之前最好待在自己的出生之处。独生狗和那些很早就离开家的狗更容易在后来有行为问题。

养成年狗就像玩纸牌游戏。别人给你发牌，在这里的意思就是，狗是在一个你一无所知的环境中社会化的。养成年狗也是一种奖赏，因为你知道你给一只没人要的狗一个新家，但是你也继承了你所不知的一切。不可避免的是，你在要狗学习新的行为习惯之前，有些旧的行为习惯是你必须要让它改变的。

## 公狗还是母狗？

公狗的大脑是在出生前就被"雄性"化的，它们的睾丸会持续几天释放出雄性荷尔蒙睾酮。其结果就是公狗会比自己的姐妹长得快，而且会比母狗更难管束。

小母狗的激素更为中性。雌性荷尔蒙在青春期才开始萌动，直到那时，性别的差异在狗性格上的体现才逐渐明显，而且有时还会带来些麻烦（参见148—149页）。

总的来说，公狗更愿意当头，主动活泼，破坏性强，而母狗则需要更多的关爱，更容易进行服从和居家训练。早期绝育可以保持小狗的很多性格特征，但是也许并不适合所有的狗（参见187页，计划生育）。

*这只8周大的骑士查理王小猎犬可能觉得我很奇怪，但是在我为它称体重和检查眼睛的时候，它一点儿也不害怕。*

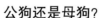

### 老布贴士：选狗

第一次去选狗的时候，别带小孩子一起去。他们很可能要么挑见到的第一只狗，要么挑剩下的那只狗宝宝。一旦你确定了自己喜欢的犬种，并找到满意的育犬师，再带孩子帮忙从一窝小狗中挑选一只。

# 狗的来源

即使你能控制狗的社会化时期的最后1/3的时间，但出生后最初8周的狗宝宝，它的生长环境却是由育犬师决定的。抚摸可能是对包括人类和狗在内的所有可社会化物种最具重要意义的动作。动物的性格会因为缺少抚摸而受到扭曲。在狗宝宝小的时候，经常抚摸它、拥抱它，这对狗的生理和心理的发展绝对至关重要。所以从谁那里挑选你的小狗很关键。在宠物店看到的有着悲伤眼神的小狗可能会触动你的心弦，但是即使犬种很优秀，来路不明的狗会有许多潜在的问题，对这一点，你要心知肚明。

## 口碑

低技术含量的、传统的、极为可靠的熟人之间的推荐，常常（但不是绝对）是一个好的起点。

熟人有时会让自己的狗繁衍后代。他们也许是"业余的"，但是常常会培育出一窝极其可爱的小狗宝宝，在自家抚养，将它们很好地社会化。对你而言，好处是你可能很早就知道了狗妈妈的脾气，所以你也会知道狗宝宝长大后的性格和体型。

好的救援中心会评估狗的行为，并在狗找到新家后继续给狗主人提供建议。

## 宠物诊所广告

无疑，这是一个很好的消息来源。诊所工作人员知道狗妈妈，有时还认得狗爸爸，因为他们可能就是帮着配对儿的人。你会非常准确地知道狗有可能存在什么健康问题。狗妈妈的孕期驱虫，以及狗宝宝的寄生虫防治，需要都是近期完成的。还有狗宝宝父母的疫苗接种也是定期进行的。

## 收容所和救援协会

在你还没想明白之前，先别踏入那个地方。在浏览那些从国外救援狗狗的机构网站时，你自己一定要心志坚定。别只在网上看了照片就做决定。要去见狗，确定你跟狗合得来。我知道这听上去有些冷血，但是挑选狗的时候，如果理智不能战胜你的心，你会很容易犯下大错。面对栅栏后的那双狗眼睛，我们都会无可救药地同情心泛滥。这就是现实。

## 犬种救援协会

所有的育犬协会都会指定专人负责，为那些经历坎坷的狗找到新家。纯种狗可能会因为意外的行为问题而需要一个新家，比如金色可卡犬（参见24-25页）的"狂怒综合征"发作而让原主人弃养。但是更为常见的原因，可能在于狗原来的生活环境发生了变化，比如家里有人去世或生病了，或者原主人搬了新家，那里不让养狗。在育犬协会的网站或是你当地的宠物医生那里，会有离你最近的犬种救援协会秘书的电子邮件地址或电话号码。

## 职业育犬师

职业育犬师是目前最好的纯种狗的来源，尽管他们中有些人会要些小聪明，一心只想着推销自己培育出来的狗。

但是事情没那么简单。虽然有些人很棒，但是也有些人只考虑自己赚钱，而不是真正为狗或者为你考虑。所以要谨慎。去育犬师那里拜访时，要观察这个人是不是真正的育犬师。要是你看到门环的形状像他们繁育的狗，沙发或椅子上到处都有狗的痕迹，墙上挂满狗展的绶带，这些都是好的现象。要当心那些大一些的被留着做"潜在的展示犬"的狗宝宝。那些狗很多都是在笼子里长大的，可能不容易适应家庭生活。最棒的育犬师并不以赚钱为目的，而是真心地、狂

## 老布贴士：育犬师

好的育犬师会拷问你。他们希望你能保证给他们的"宝宝"提供一个好的家庭。有一位拉布拉多育犬师对潜在的买家解释道，狗狗不是生来就准备好接受训练，培养一只优良的家庭宠物需要花时间和精力，让狗适应你的生活规律而不是倒过来。

接下来，他带买家去看一只粗鲁的雄性拉布拉多犬（参见20-21页），狗会跳到人的身上，并把口水涂得人满脸都是。然后，他又带他们看了一只举止优雅的拉布拉多犬，这只狗也是公狗，非常有礼貌地坐着，让你抚摸。这位育犬师解释说，这才是一只受过恰当训练的狗应有的形象。他让买家想一想，然后才跟他们解释说，这两只狗其实是同一只狗。这是一个有责任心的育犬师。

热地深爱着自己养的狗；重复一遍，一定是个狂热的狗痴。

## 报纸广告

好的育犬师靠着自己的信誉和口碑来销售狗宝宝。最好的育犬师的狗总是供不应求，从不需要登广告。对报纸上的小狗广告要特别警惕，那些小狗常常就是小狗生产线的产品。登广告也是"后院"育犬者的首选方法，那些人以为在自家院子里繁殖自己的纯种狗就可以赚些外快了。负责的业余育犬师通常在繁育狗前就会为狗宝宝找好新家。如果养小狗的人不多，他们会在宠物诊所的告示牌上打广告。

## 宠物店

再次提醒你要小心。根据动物福利组织的统计，大概超过90%的宠物店都是从产业化的小狗农场或是工厂引入小狗来卖的。这些狗宝宝的生长环境，无论是医疗条件还是受关爱程度，都很悲惨。

## 互联网育犬师网站

有一些网站非常出色，尤其是那些与某个育犬协会密切相关的网站，但是其他大多数网站都很可疑。当心那些标榜"为了您的便利，我们会将小狗送到您家"的网站。如果有人在邮件或者电话中这么跟你说，要特别警惕。他们很可能是做小狗生意的，并不想让你看到他们是怎么对待小狗的。如果你要选择一种流行的犬种，更要特别当心。很多网络广告上的狗宝宝都是在国外繁殖，走私进来的。

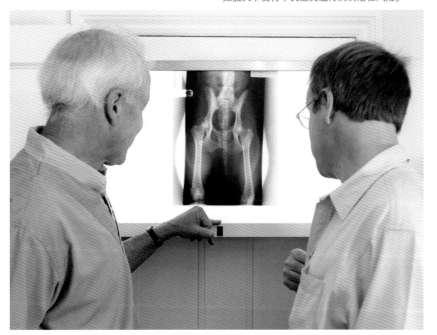

负责的育犬师在繁殖小狗前，都会认真评估诸如髋关节发育不良这类遗传病的潜在风险。

### 怎样向育犬师提问

· **你繁殖这个犬种有多久了？**
越久越好。

· **这个犬种有什么毛病？**
他们告诉你的毛病越多，说明他们越诚实。

· **我可以看看狗爸爸吗？**
狗爸爸可能是从别处借来配种的，但是育犬师至少应该有狗爸爸的照片，应该让你和狗爸爸的主人联系，这样关于狗爸爸的个性你可以知道更多。

· **狗住在哪里？**
快乐的狗一般住在家里，是家庭的好伴侣。

· **我可以四处看看吗？**
尽责的育犬师不会介意你看看狗的生活环境。

· **我可以看看别的狗吗？**
其他的狗也应该很友好，容易接近。

· **要是有什么意外的毛病，我可以把小狗还给你吗？**
最好的育犬师都会要客人把小狗退给他们的。

· **我可以和其他买过你的小狗的客人聊聊吗？**
最好的育犬师对自己的狗非常有信心，不会介意你和别人接触。

· **小狗看过宠物医生了吗？**
育犬师应该愿意把宠物医生的名字和电话号码给你。

· **你在犬业俱乐部登记了狗的健康调查吗？**
好的育犬师对自己繁育的狗都很自豪，也会在犬业俱乐部做健康登记。在像瑞典这种更有效率的国家，健康结果登记是犬种登记的前提。

· **你多久会让狗妈妈生一次？**
好的育犬师会给狗妈妈足够的时间，让她从怀孕和哺乳期中恢复过来，他们绝不会连续繁殖，也不会让狗妈妈一辈子生太多窝的小狗。

# 评估小狗

家谱不说明任何问题，只是告诉你狗的祖先是谁。你真正想知道的是狗的健康和性格，还有你想要养的小狗是否是在一个身心都健康的环境中养育的。

在犬业俱乐部登记只是表明所有的注册手续都完成了，并不意味着有人对小狗做过检查。大多数犬业俱乐部都将为狗做登记视为一种荣誉。一旦DNA指纹识别技术被经常性地使用，狗的繁殖记录就会更加准确（也更诚实）。

你可以查看狗的父母双方是不是都没有遗传性疾病，诸如髋关节或肘关节发育不良以及眼疾。

你可以查看育犬师在繁殖几种犬类；如果不只一种的话，那么其他品种的狗也一定具备育犬师认为好的个性特征。例如，要是某位育犬师喜欢繁殖拉布拉多工作犬（参见20—21页）的话，他要是同时繁殖可卡犬（参见24—25页）也很正常，但他要是同时繁殖吉娃娃犬（参见35页）和秋田犬就很奇怪了。

好的育犬师对自己的小狗了如指掌；他们知道哪只狗很害羞，哪只狗很活泼。你可以根据他们的介绍来挑选小狗。

这些拉布拉多小狗是作为"穿毛大衣的人"在一个可以"随心所欲"的家里成长。观察这些小狗，看它们是怎么互动的。强势的小狗更容易成为强势的成年狗。

## 测试小狗的个性

找个安静的地方做如下测试，让小狗远离狗妈妈和同伴。你通常会在类似的测试中得到相似的分数（有时也会有意外）。

**抱起小狗。**

| 1 颤抖 | 2 犹豫 | 3 很放松 | 4 抗拒 | 5 有攻击性 |

**把小狗放在一个安静的新的地方，然后观察。**

| 1 颤抖 | 2 犹豫 | 3 很放松 | 4 好奇 | 5 特别好奇 |

**把小狗背靠地滚动。**

| 1 颤抖 | 2 犹豫 | 3 很放松 | 4 躲闪 | 5 有攻击性 |

**把小狗放在你面前 2 米处，面对面，跪下来叫它。**

| 1 不动 | 2 犹豫 | 3 慢走 | 4 快跑 | 5 把你撞倒 |

神经紧张或没有安全感的小狗得分最低，而自信、有强势个性的小狗得分最高。这两种狗最好由有经验的狗主人来养。你要是从来没有养过狗，最好选分数居中的小狗，养起来会容易些。

## 评估小狗的个性

只见小狗一面，是很难看出小狗会长成什么样的个性的。而且，成年狗的行为，很大程度上是基于学习和经历。

但凡事都有例外。你可以测试一下小狗天性中的强势个性。小狗小时候如果就很强势，长大了以后多数也会很强势。要当心那些被你轻轻抱起时不挣扎也不具威胁的小狗，它们以后可能会很强势，但也可能不会。但在你抱起时挣扎不休的小狗长大后很可能极具挑战性。

有经验的育犬师知道每只小狗的个性，并且会做记录。要是你从小狗6周起每周都做一些简单的测试（参见左表），你就能更为准确地评估小狗的个性。

# 评估成年狗

好的救援中心会对狗的健康和行为同时做评估，并给出评估报告。再次提醒，如果你有孩子，第一次去挑狗的时候，不要带孩子一起去。

核查救援中心的声誉以及人员的素质。两方面应该都是清白、有条理、高效的。别让狗叫声扰乱你。住在那种一排排的传统狗舍中的狗，实际上更容易吠叫，而居住在绕圈而建的现代狗舍中的狗，因为彼此可以看见，反而不太吠叫。所以，吠叫可能是待在老式狗舍时无意中产生的一个行为问题。

## 狗的健康

所有在救援中心的狗都应该植入芯片。检查狗是否打过预防当地疾病的疫苗，并确认狗做了内外寄生虫驱虫。

询问救援中心他们是怎么预防犬类咳嗽的各种传染形式。所有常见的传染性咳嗽在拥挤的地方都很容易传染，所以也常被称为"狗舍咳嗽"。在最好的狗舍里，新来的狗会单独居住一个星期，以确保其不会带入任何传染性咳嗽。

当你看到吸引你的狗后，问清楚这狗是走失的还是被主人送过来的。如果是主人送过来的，那么可能会有狗的疾病或者行为方面的记录。无论哪种情况，所有好的救援中心都会让宠物医生对狗做全面检查。

检查成年狗是否有遗传病或后来染上的疾病。我正在检查这只拉布拉多犬的视力。

## 芯片

芯片如米粒般大小，会发出电磁能量，很容易通过注射植入皮下。用电磁识别仪扫描时，可以读出芯片上的特殊条形码，从而能够确认每只狗的身份。注射后24小时之内不触碰芯片，芯片就会在体内被固定住。除了某些陈旧的美国型号只能识别美国造的芯片外，所有的识别仪适用于任何一个芯片。宠物旅行机构允许你带狗到任何无狂犬病的地区旅行而无需经过动物检疫，比如到夏威夷、英国、爱尔兰、瑞典或挪威。所有这些机构都要求狗有植入识别身份的芯片。

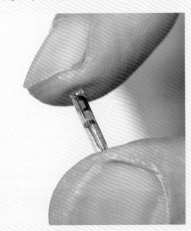

芯片的报废率极低，但最好每年都能检查一次，以确认特殊条形码没有失效。

芯片一般被植入颈部中线附近，肩胛骨上方；而在欧洲大部分国家，则会植入左侧。

我用的芯片有一个温度计，可以测量狗的体温，并直接给出编号。用在长毛狗身上特别准确。

你要是不给狗拴上绳子，就别指望它在看到其他动物的时候会乖乖待在你身边。

## 准备应付意外

所有需要重新找一个家的狗都会有自己的历史包袱。有些狗可能会警惕小孩子，或者试图支配孩子。有些狗可能害怕陌生人，但是和陌生狗在一起很好；或者和陌生人很好，但却想咬死每一只看见的陌生狗。所有好的救援中心都会评估所收留的狗的行为。他们应该告诉你每只狗的习性，是否会与人或其他的狗相处，活跃程度，个性中有哪些优点，需要人爱抚的情况，独立的程度，以及受过的训练和可训度。

## 应对分离焦虑症

救援中心的狗在进入到你家时，突然接触到一种新的文化氛围。在经历过自生自灭、自己做决定、为了生存而不择手段的生活之后，流浪狗忽然变得无所事事。这对狗而言实在是太难了，尤其这只狗已经拥有了街头智慧。

得自训犬师的统计数据很有说服力。收养流浪狗的最大麻烦出现在你离开家，把狗单独留在家，又不给狗留下玩具时。狗就会在宽敞的空间到处逛，检查每个房间，从每个窗口窥视外面。所以，如果可能的话，给你家的新成员准备一个室内狗笼，给狗一个独立的空间；桌子底下放狗笼很不错（参见 80—81 页）。一旦狗认可了这是个安全的藏身之处，是它自己的家，你就会很容易维持家里的和谐，容易控制狗在受到外界影响时

## 体检

很多病症都受遗传因素的影响，而预防的最好方式，就是找没有病的狗来繁殖后代。对诸如渐进性视网膜萎缩和髋关节发育不良这些疾病，育犬师都会有意识地做常规检查。最诚实的育犬师会在登记文件中附上小狗的体检报告。你要是买纯种狗的话，咨询宠物医生或者上网查找，看有什么特别的检查可以提供给这个犬种。狗的性格问题也是遗传性的，有家族病史的狗不应该再繁殖下一代。今后，更多用以测试遗传病的 DNA 技术将会得到应用。好的育犬师会将这些测试作为繁殖计划的常规流程。

# 狗对训练测试的反应

**1** 在狗面前蹲跪下来，和狗进行温和的目光接触时，给它狗点心奖励。会回应的狗应该不担心你的眼神，会开心地直奔吃食。

**2** 眼睛不要直视狗，也不要躲闪，身体前倾，伸手触碰狗的耳朵。会回应的狗对你的做法不会感到不自在。

的举止，比如门铃响起的时候让狗保持安静。对于训练特别喜欢放牧的边境牧羊犬（参见62页）、领地护卫意识极强的德国牧羊犬（参见62页）以及有强烈捕猎冲动的㹴犬（参见63页），这一点很重要。

## 评估狗在户外的性格

狗在户外的行为和其在救援中心时可能大不一样。你可以在一个中立的地方来评估狗是否有被训练的潜质，比如在当地的公园，狗可以和其他的狗或者动物见面并与它们一起玩，周边会有慢跑的人、推婴儿车的人和玩滑板的人。在这个地方也可以了解狗对毛发梳理会如何反应。在看到两条腿的人和四条腿的动物时，即使看起来最温柔的狗——它们在被绳子牵着的情况下无动于衷，一旦放开了绳子，也有可能被激发出追捕的本能。

## 领养手续

领养狗的时候，一定要看这个救援中心的领养手续。我不是仅指健康保证和"退货"条款。声誉好的救援中心希望不断为新救助的狗找到新家，而不是回收以前就收容过的狗。这样的救援中心会给你关于训练、喂食以及疾病预防方面的书面指导。其中的佼佼者甚至会不断为你提供建议，帮助你对狗进行基本的服从训练，克服狗的不良行为问题；有些还会针对狗的健康问题提供持续帮助。

所有的狗，无论年龄，都会有不同程度的好奇心和潜在的恐惧心理。一定要让新狗在你的监督之下，对新的和不熟悉的事物检查一番。

### 老布贴士：狗的焦虑症

你只是人，所以看不到狗所看到的世界。真正可怕的怪物藏在最不可想象的地方。每一只成年狗，尤其是你还不了解的狗，都会给你带来意想不到的情况。比如，鼓在地面上的塑料袋这类无害的东西可能会吓坏最健壮、最骄傲、看上去最凶狠的狗。下面列出来的人和事物都会吓到狗：

- 婴儿
- 儿童
- 大人
- 老人
- 穿制服的人，尤其是戴着帽子和头盔的人
- 背背包的人，背着婴儿的人，或者拉着行李箱的人
- 锻炼的人，尤其是慢跑者和玩滑板的人
- 大声喊叫或喝醉了的人
- 其他动物，无论大小，甚至是友善的小狗
- 车辆，尤其是还能发出不寻常的响声的车辆
- 打雷这种自然声响，还有烟花这种人为的声响
- 建筑工地，包括声音、机器声和工人
- 遥控玩具
- 不熟悉的地面，如阳台或者石板地
- 家用电器，比如吸尘器和吹风机
- 带有敞开踏板的楼梯
- 洗车
- 公共交通工具

差不多随便什么都会吓到狗。挑选成年狗时，它看到的怪物越少，你的生活就会越容易。

# 第二章
# 新狗进家

# 做好准备

我在诊所里每天都会遇见体贴、富有爱心、乐于付出的人士，他们大多数人都愿意投入时间、金钱和感情来照顾伴侣动物。然而无可否认的是，有很多人——事实上是绝大多数的那些聪明的好人——在准备迎接新狗进家时，做了错误的准备，甚至是完全没有准备。准备工作不仅仅是备齐狗所需的各种用具，而是要有一套贯彻始终的计划，有正确的心态，保证自己不会被狗狗那双棕色大眼睛所屈服。

### 老布问答

**我家的新狗想从我这儿得到什么？**

答案简单至极。狗热衷于食物、脑力和体育活动，需要有安全感和规律的生活。要让狗感觉安心，知道自己在社会等级中相对于我们所处位置，你需要及时对狗的行为进行反馈。

## 你真的准备好了吗？

完成养狗教育（参见12—17页）之后，你就可以领养一只新狗进家了。如果你的成绩优秀，你就会做聪明的选择（参见64—71页）。你不会选择一只离群索居的孤独狗，而会选择一只养在某个人家里的小狗，这只小狗已经习惯了吸尘器、烘干机、小孩子的尖叫声等各种声音，见过其他动物和各种各样的人，有自己的啃咬玩具，已经接受了室内训练以及服从训练。如果你没做这样的选择，那你就给自己找了一堆麻烦，需要迎头赶上。这样的话，本书的内容就远远不够了。如果你带回家的狗不仅需要训练，还需要康复治疗，那么要立刻找一位好的训犬师（参见125页）。否则的话，狗的情况可能会一天坏过一天。当地的狗狗俱乐部通常都可以帮你联系到一位对你养的犬种富有经验的狗主人来帮助你。

## 时光飞逝

出生之后前3个月是狗最容易接受训练的时间。到5个月大时，这个开放学习的阶段就结束了。狗的大多数行为问题和古怪性格的根源可以追溯到这个时期，所以训练新养的成年狗更具挑战性（参见86—91页）。

从你拿到小狗的那天起，时钟开始飞转。时光飞逝，有好多的东西要教给狗，而所有的训练都要在狗8周到20周大的时候开始，只有12周时间。所以重要的是，在小狗进家之前，你就要知道需要教它什么，怎么训练。

*这个不是监狱，只是栏杆而已。笼子是一个安全、安心而又舒适的小窝。*

## 合群

合群（good socialization）意味着小心而有计划地让你的小狗接触到其未来的生活会涉及的内容。这包括生活的各个方面：接触其他的狗和其他种类的动物，接触各种各样的人，到陌生环境中的各种地形上走动，不仅让你触碰，还让其他陌生人触碰。合群就是觉得每次遇到新的情况时会受到吸引，觉得有趣、好玩，而不是害怕。合群会让狗变得自信，无比坚强，能面对生活中的各种挑战。在嘈杂和拥挤的城市环境中养大的狗，要比在乡村的狗舍中养大的狗更容易合群。当你带狗到一个新的地方或者听到一种新的声音的时候，你要随时注意狗紧张和害怕的信号：喘气、颤抖、惊恐、小便失禁。这一点至关重要。如果你注意不到这些明显的信号，你可能会迫使狗面对一种它还没办法处理的情况，这样有可能让狗变得胆小，具有攻击性或者患上焦虑症。

### 培训全家人一起训练狗

在狗到家之前，就要决定家里是谁主要对新狗伴侣负责。在小家庭中，一般谁管孩子，谁就管狗。在其他类型的家庭中，要有一个人总负责，不仅管狗，而且要负责家里的其他人在狗面前保持一致。警告：男人通常是系统中最弱的一环。他们会让狗随便闲逛，而不是在它自己的围栏里玩，他们会过度地给狗吃东西，而不是把食物作为训练奖励，他们会和狗一起玩那些未来会给狗个性培养带来问题的游戏，而

*经常和狗一起玩游戏。只有当你不能全神贯注于狗的时候才使用笼子。*

不是玩那些训练狗服从性的游戏。记住，要保持一致。最好把"家庭养狗须知"写下来，第一条就是"谁都不许宠溺狗"。当主要负责人不在时，指定狗的责任人。在合适的地方贴上养狗须知，并且严格执行。

## 必备购物清单

购物充满乐趣，将来你可以随心所欲一些（参见106—111页），但目前还是简单一些好了。你的新狗的必需品只有几样：一根轻的尼龙脖圈（戴名牌）和牵引绳，防滑食盆和水盆，狗粮，好吃的零食

狗在旅行时应妥善看管。如果你的车不适合放置旅行狗笼，可以使用安全带。

（如肝点心），3个啃咬玩具，1个足够狗成长的笼子（有被子和床垫），练习笔，梳毛刷，梳子或手套，还有狗自己的浴巾。

## 检查家居环境

小狗的创造力可能是惊人的。只要有机会，一只看上去有着小鹿一样无辜眼神的可爱小狗就会打开柜子，把衣服从桌上拽下来，找到你以为丢

了的东西，摧毁你种的花草。刚开始让狗出笼子的时候，可以把活动范围限定在一间房间。但在带狗回家之前，一定要把家里检查一遍，确保没

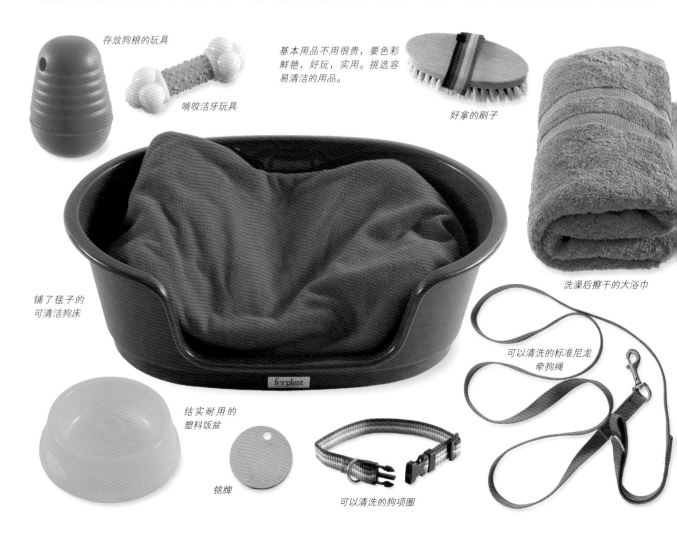

存放狗粮的玩具

啃咬洁牙玩具

基本用品不用很贵，要色彩鲜艳，好玩，实用。挑选容易清洁的用品。

好拿的刷子

铺了毯子的可清洁狗床

洗澡后擦干的大浴巾

可以清洗的标准尼龙牵狗绳

结实耐用的塑料饭盆

铭牌

可以清洗的狗项圈

生长激素是在小狗睡觉的时候释放出来的。小狗需要睡觉，不光是因为累了，而是因为它要长大。

有狗可以随意损坏的东西。狗喜欢咬东西，可咀嚼的东西，诸如电线、电话线、窗帘绳、地毯、室内植物等。我家里有一套200多年的瑞典古董家具，结果我的最后一条狗梅茜来了，家具上的原初漆色便不复存在了。

## 与新狗宝宝打交道

大多数的狗主人都知道，当我们抚摸狗的时候，我们自己会觉得更为轻松。40多年前，科学家就已经证明，这种互动对人的心理会产生如降低血压和心率之类有益的影响。如果你想要一只享受你爱抚的可爱狗狗，那你最好经常性地拥抱、抚摸你新养的狗，帮它打理毛发。如果你抱狗的时候它会挣扎，你一定要很温柔地抱着它，轻轻地对它说话，揉摩它的耳朵、胸腹、甚至是两眼中间。等它安静下来后，给它点小奖励。让狗觉得你的臂弯很安全。虽然各类狗性格有所不同，但是所有的狗都喜欢被抚摸。通常狗都会因为得到抚摸而很快安静下来。

## 带狗回家

带上铺了垫子的狗笼子（参见80—81页），找人和你一起去接狗进家。如果育犬师那里有一小块沾了狗尿的小浴巾，就把这块毛巾放到笼子里，这样狗会因为闻到熟悉的味道而觉得安心。在你开车回家之前，让狗疯玩儿一阵子。这样，要是幸运的话，狗可能会一路睡到家；即使狗不睡，这也会将活动量降到最低限度。

### 老布贴士：旅行

坐车旅行对小狗可能是新奇的经历，当小狗晕车时不要大惊小怪。带上湿巾，请育犬师在交狗之前3个小时内不要给小狗喂水或喂食。

在一天中比较凉快的时段旅行，保证车内有充足的新鲜空气。旅行时，可以不断用手指探探狗笼，分散小狗的注意力。

要是回家路程超过90分钟，中途最好停一下。要是你让小狗下车的话，最好确认给小狗戴上了狗脖套，让狗在你的完全控制之下。小狗要是还没学会在狗绳的控制下活动，就别带它走远。当狗到车外活动时，出于安全考虑，可以在狗脖子上套上拴狗绳，并且注意在拉狗绳时尽量不要用力。

# 到家第一天

相信我，要是你一开始就为你的狗安排一个属于它自己的地方（参见87页），除此以外的其他地方，一律需要在你的严格监督下才能去探索，那么你的狗一定会比你的配偶和孩子带给你的问题更少。要是你一开始就把事情做对了，在家养一只狗根本就不是问题。但是要是开始的时候没做对，你肯定会被弄得咬牙切齿、垂头丧气。道理很简单。你想让狗在属于它自己的地方完全放松、玩耍，不会啃咬、损坏东西，知道到哪里大小便。这样你和狗皆大欢喜。

电台播放的轻音乐一般会让激动的狗狗安静下来。

## 取名字

有些狗会继承一个名字，如斯巴科三世（Sparkie III），名字多来自长相或习性。我知道有只邋遢的约克夏狸犬（参见34页）名叫Shmatta，波兰语或意第绪语中是"抹布"的意思。有只金毛寻回犬（参见26页）叫Cheeseburger（奶酪汉堡），因为它喜欢汉堡，毛发的颜色也跟汉堡一样。还有一只杰克罗素狸犬（参见57页）叫Wysiwyg，也就是"What you see is what you get"（"所见即所得"）的缩写。无论你怎样给你的狗取名字，简单最重要。名字要音节少，好发音，简短、易辨别，易学又好懂，比如Rex就是个很棒的狗名字。要是你家里已经有了一只狗，那就给新狗取个完全不同的名字，这样它们就不会把自己的名字搞混了。

## 梳理毛发和喂食

梳理毛发并不仅仅是为了保持皮肤健康，让毛发干净且无气味。梳理毛发还是一种很给力的训练。所以从第一天开始就要养成给狗打理毛发的习惯。

狗可能觉得有饭吃就不会挨饿了。你可能觉得给狗喂食最重要的是营养均衡。健康饮食对狗的身心发展绝对重要（参见98—105页），但是喂食并不只是考虑营养。喂食是训练你的狗

尽早让小狗习惯刷毛和浴巾。

时非常核心的部分。说起来其实很简单。你掌控着狗的食物。从狗到家的第一天起，你就要用食物作为训练狗的手段，培养狗良好的行为习惯。

## 防止啃咬

啃咬和吃饭睡觉一样，都是狗的正常行为。知道这一点，你就可以通过提供食物和玩具来控制狗的活动范围。训练狗不乱啃乱咬并不是很难。一个行动不受拘束的狗会逮到什么就咬什么。我就知道某人家的门、桌脚、滑板、地毯、墙和家具，都有小狗啃咬的痕迹。而那就是我的家。当梅茜是一只小狗时，出于家庭和睦的原因，我们没有严格限定它自己的活动空间。

## 私属领地

随你怎么叫，狗笼子、狗圈或狗窝，狗的私属领地并不是监狱！那是狗的家！狗一进家，马上要把它自己的私属领地介绍给它（参见80—81页）。另外，还需要给它准备游戏空间或者活动空间，通常是

特别为狗辟出来一小块地方或是家中的一个小房间，如厨房或厕所（更少吸引力），并用栅栏门挡着。如果你给狗一个单独的房间，最好不要用地毯，并要清理掉所有狗可能会啃咬的东西。小狗的活动房间里最好一角是铺上床单的小窝（参见87页），另一角是卫生间，第三个角落里有一碗清水和装满美食的玩具。

## 如厕训练

训练狗狗大小便的时候，要考虑狗最终会在哪里上厕所。如果最后要让狗到草地上方便，那就在狗窝里放一卷草。如果狗最后是到水泥地上方便，就拿一块砖到窝里让它先练习。你的目的是要狗先习惯它以后的环境。准备好如厕区域，往狗窝里放一块薄膜包裹着的塑料地板，让狗学习在那上面方便。

## 选定睡觉的地方

你的狗只要在狗窝里睡觉，选在哪个角落里睡都没有关系。如果狗睡觉的地方是在围栏内，而你

又不准备半夜起来（参见92—97页），那最好让围栏开着，狗可以自己去上厕所。如果狗是在你的房间睡觉，那就把围栏关好，你起来带狗出去方便。

---

### 老布问答

**我的宠物医生说，在小狗打疫苗的14天内，我最好不要带它出去。如果那样的话，我的狗见到其他狗时就会14周大了。怎么做才好呢？**

大多数宠物医生按疫苗生产厂家的指示给建议。根据疫苗的种类，可能在打最后一次疫苗后14天才会有免疫力，那时狗10至12周大。遵照这个建议，会降低小狗感染疾病的概率，但也会让小狗不能及早和同伴交往，并导致其他行为问题。致命疾病的感染率很低，即使是微病毒的感染率也很低。权衡利弊，我会建议狗主人带着小狗和那些也打过疫苗的小狗交往。咨询你的宠物医生，在你们地区狗感染疾病的风险。因为法律责任的缘故，医生会给你疫苗厂家的建议，但是言谈之中，你应该可以判断出是否能够带你的小狗尽早开始社交生活。

---

### 老布贴士：沟通

获得狗的注意力、与狗沟通并和狗建立关系，最快、最有效的方法，不是正式的训练，而是每日的相处。

养在户外狗屋的小狗，以及养在救援中心的成年狗，没有机会把注意力集中到人身上，因此训练它们要比训练养在家里的狗要更难。

开始的时候，只让你的小狗待在一小块地方，然后每天、每周都给它扩大地盘。小狗自由行动的时候，需要严格监督。

小狗很好奇，什么都喜欢吃。把每天最好吃的东西留给它在狗窝里吃。

哭泣、发抖、畏怯都是紧张和哀愁的表现，更为微妙的表现有紧张时不敢看人、打呵欠、舔嘴唇或者喘气，还有当场僵住，这些都很容易被误解。不寻常的表现还有小便失禁、呜咽、嚎叫、狂吠或具有攻击性。无心之举可能会引起小狗的紧张感。在迎接小狗到新家时，要注意无意中引起的焦虑。此时不当心的话，会很容易造成以后的麻烦。

小狗身心两方面都有对人的需要。

# 狗笼训练

轻型折叠的狗笼很实用。便携式狗笼可以让你带着小狗访亲探友。

最初一些天对你和对狗同样重要。从进入你家的那个时刻起，你的小狗就一心想讨好你，让你高兴，但它需要学习怎么做。只有当你和你的家人为人和狗都制定了家庭守则，狗的学习才能成功。

## 为什么要用狗笼

作为宠物医生，我一般是从狗的神态、活动量、行动状态、大小便以及狗的气味和外表来观察狗。但这些都不会告诉我你的沮丧：对狗进行居家训练并不容易，狗会拉着你走，会搞破坏，会舔别人，或者会吠叫。向我请教怎么训练狗的次数和向我咨询狗的健康问题的次数一样多。而预防总是胜于治疗。预防的基本做法，就是为你的狗准备它自己的狗窝和活动区域。

训练你的小狗把狗笼作为自己的安全避难所简单至极。但是让你的伴侣、孩子或家里其他的人别把狗笼当成监狱，却是一件难事。其实冷静地想想，无论是把狗暂时关在狗笼里，还是把狗围在一个稍大些的地方活动（参见87页），因为空间有限，狗犯错也错不到哪里。简言

用零食诱惑小狗进入狗笼。

**乐观还是胆小？**

你的小狗个性乐观吗？是不是总是吵吵闹闹的，会往人身上扑？还会舔人的手？这是只典型的乐观小狗，随时准备学习好的行为举止。

另一方面，你的小狗是不是胆子很小呢？是不是既害羞又胆怯？有陌生人靠近时甚至会吓得小便失禁？那只狗就还没有经过合群训练呢，在一开始养狗时你就要花费更多的努力才行。

*在最初的几天，把所有的吃食都放在狗笼里，这样小狗会觉得很快乐，很安心。*

之，狗在小时候犯的错越少，狗和你日后的相处就会越容易，越愉快。

为狗限定活动范围，可以让狗学会自己大小便，知道什么东西是可以啃咬的，能够自得其乐。这样也可以防止孩子和大人不小心伤到小狗。而且在宠物狗的一生中，总是会有让它独自在家的时候，习惯在狗笼或者指定的范围内活动，可以让狗在没人在家时不觉得太孤独。

## 训练狗喜爱自己的窝

别以为把小狗赶进笼子，关上门，它就开心了。你要训练小狗喜爱自己的小窝，用那种里面装了零食的可以啃咬的玩具，很快就可以让小狗适应了。大多数小狗喜欢肝点心，拿一块来做训练。把小狗放在狗笼外，让它吃掉一块，然后再在狗笼里（在围栏之内）放上几小块，小狗会追不及待地想要进狗笼。放小狗进去，先让它把点心吃了，然后在可以啃咬的玩具中夹上几块，让狗费劲才能吃到。一旦小狗明白了，重复这个过程对狗进行

训练，把装了点心的啃咬玩具放到狗笼里。这样，小狗可以自己选择是留在狗笼外玩儿，还是到狗笼里的啃咬玩具中找东西吃。啃咬玩具里放上奶酪酱和花生酱，都能让小狗忙得不亦乐乎。

下面这些时段，小狗都应该待在笼子里：

· 你在吃饭
· 小狗在吃食
· 你在睡觉
· 小狗在睡觉
· 电话铃响
· 门铃响
· 你外出时
· 看管小狗的间歇，你休息时

## 给新狗喂食

你有两种喂食方法。不管用哪一种，都要记住狗每天的食量。

第一种方法是把大部分的狗粮分成4份，装在狗笼的食盆里，按间隔喂食。余下的最好吃的点心放在啃咬玩具中，让狗在几餐之间享用。

另外一种方法更强有力，狗会更好奇，那就是把所有的食物都装在啃咬玩具中。最美味的点心，比如肝点心，放在空心骨或三孔玩具最里面；把餐食做成糊状，裹住干的狗粮或狗饼干。

## 拜访宠物医生

得到新狗的48小时之内，一定带去看医生。严重的先天性疾病虽然不常见，但一些常见病还是会有的，特别是体内和体外寄生虫病。医生可以为小狗做体检，并给你一些疾病预防的建议。

家庭守则每家都可能不一样。以下这些只是范例。
· （填入名字）专职照管雷克斯。要带雷克斯做与以往不同的事情之前，一定要取得他/她的同意。
· 想得到雷克斯的注意，一定要叫它的名字。
· 当雷克斯听得到而你不是在对它说话的时候，不要说出它的名字。
· 只有在雷克斯上了厕所以后，才可以立刻把它带离围栏。
· 只能和雷克斯在地上或草地上玩，不能在任何家具上玩。不能玩得太野。
· 别给它啃咬玩具之外的玩具。
· 除了它的啃咬玩具里的点心，别给雷克斯额外的其他点心，除非它听命于你，比如你命令它坐，它就坐下了。
· 确保雷克斯时常会有自己的安静时间。
· 小狗训练课在周二晚上。大家都要抽空参加。
· 雷克斯是家庭一分子。做计划时别把它忘了。

# 和家里人见面

## 小狗玩耍学校

玩耍是狗的生活中心。狗需要和人还有其他的狗一起有规律地玩耍。小狗玩耍学校是你和狗学习怎么玩儿的理想之地。咨询宠物医生，看当地都有哪些小狗训练课程（参见122—125页）。

是啊，家里来了新狗，家里每一个成员，包括新狗狗，肯定都很兴奋——但记住，这里要有一个主要负责狗的人，如果你在读这本书的话，我敢打赌，那个负责的人就是你了。在我看来，你就是狗所有事务的总管，负责健康和安全，也要预防出现问题。新狗狗和家里活蹦乱跳的小朋友以及其他宠物见面，或者和邻居见面时，都有可能会出现问题。所以你要确保在这些场合中，你能够控制狗的行为。

## 和孩子见面

在孩子和狗见面之前，要和孩子解释，狗狗不是新玩具，而是和他们一样有感情的小生命。

把家庭守则写下，贴到狗笼上。下面是我建议的守则：

· 只有在父母同意下才可以抱狗狗。不许争吵该谁抱狗了。不许推搡拉扯。

· 在小狗身边要安静。相互间不许尖叫吵闹，不许对着小狗大叫。别在小狗身边跑来跑去。

· 只许把食物塞在啃咬玩具中，或者放在狗笼里。

· 小狗睡觉时别唤醒或打扰它。

· 别和小狗开玩笑，别鼓励它跳起来扑人。

## 和家里的狗见面

我做了很久的宠物医生，见过差不多1万只被新家领养的只有1周大的小狗宝宝。大多数小狗去到的是已经有了一只狗的新家。新旧狗之间争地盘的事极少见。即便如此，还是要做好旧狗不欢迎家里来一只新狗的准备，旧狗可能会觉得自己的领地受到侵犯。为了防止这种情况发生，新旧狗狗最好在一个中立的地方进行第一次见面，例如在别人的家里或者院子里。在它们见面之前，最好让家里的旧狗进行充分的运动，消耗掉些精力。

在中立的地方，你家的旧狗会忙着检查地盘，新狗对它而言不过是新地方的一个组成部分。别去

# 给孩子介绍新来的小狗

**1** 想要触碰、抚摸、搂抱小狗是孩子的天性。但是，有些品种的小狗会很害怕小孩子的这些行为。所以要跟孩子解释，在和小狗见面时要保持安静。第一次见面时，让孩子跪在地上面对小狗。同样，小狗也需要戴上项圈并用一根短的狗绳松松地牵着。

## 老布贴士：儿童安全

有些小狗会紧张害怕，有些会兴奋过度，不知轻重。稍大些的小狗可能会对周遭环境觉得不确定，有防卫心态。在这些情况下，狗都有可能咬人。有可能是咬着玩儿，也可能出于恐惧来真的。无论如何，你都不希望这种事情发生在你的孩子或其他人身上。要减少小狗咬人的情况，你就要像小孩子那样和小狗互动。

像小孩子那样轻轻地戳小狗，然后立刻给食物奖励。再戳或捅小狗几次，每次都给食物奖励。

当小狗觉得被戳或被捅是一种正面的经历后，轻轻抱起小狗，奖励它对这些行为的平静接受。通过这种简单的训练，小狗对于被小孩子又戳又捅，就不会觉得是什么大不了的事了。

管它们，让它们自然接触，除非有只狗看上去很害怕或者太激动。用一根轻的长绳（就像一根非常长的鞋带）拴住小狗，这样有需要的话，你可以及时帮忙，用绳子控制小狗。回家以后，让两只狗再见一次面，如果有后院的话，最好是在那儿。把能引起小狗兴趣并且会让旧狗嫉妒的玩具都先清理掉。让小狗先进来，别让它太兴奋。要提防旧狗会被小狗随便的行为激怒。如果觉得家里的旧狗可能会极其不友好，就直接把小狗带到狗笼里，先别让两只狗见面。

**2** 当小狗静静地接近孩子的时候，告诉孩子张开藏着小点心的手掌，给小狗奖励。

**3** 当小狗过去从孩子手里叼点心吃时，告诉孩子可以轻轻触摸小狗胸部和脖子，但不要摸小狗的头，因为那样会让小狗害怕。

**4** 一旦小狗觉得和跪着的小孩相处得很放松了，告诉孩子可以站起来，再用一块点心奖励小狗冷静的行为表现。

**和家里的猫见面**

猫是王者。猫天生就比狗优越，猫自己也清楚这一点。如果你家的

*如果你的狗还没学会别用嘴到处探索，不用太奇怪。*

猫已经习惯了狗，它对新来的狗就会又咬又舔的，它们俩一生之久的友谊就这么建立起来了。但是，如果你的猫溜了，惹得新来的小狗马上去追的话，那你就麻烦了。有些犬种，包括大部分的㹴犬，更喜欢追逐猫。

千万别让你家的猫和新来的狗单独待在一起。你要是不能看着它们，就把小狗放在围栏里。几个月后，当小狗完成了大小便训练，并且活动范围不再局限于围栏中以后，猫狗相处问题会逐渐显现出来。一只

爱闹的小狗，比如拳帅犬（参见33页），可能会自己找乐子，它会伏击猫，让猫逃开，然后追逐猫。如果出现这种情况，就在狗脖套上一根长绳子。要是看到你的狗正故意和猫玩这种游戏，你就踩住绳子，让狗动不了。同时也让狗明白，它只能和人或者狗玩这种游戏，但决不可以和猫玩儿。

**小狗天生就爱咬**

我最喜欢看年轻狗狗一口闪亮、雪白的新牙。门牙用来啃，犬齿用来叼或衔，大牙用来撕咬或咀嚼。从进化论的观点看，狗的牙齿和下颚是其生存的关键，不仅适应于捕捉、

# 向家里的旧狗介绍新狗

**1** 第一次见面的理想地点是个中立的地方，这个地方谁都不觉得是"自己的"地盘。如果天气好，最好在户外而不是室内。初次见面最好有两个人，一个人负责一只

狗。开始的时候，各人带着一只狗，间隔距离稍远。两只狗应该都对新地方的气味和事物感兴趣。用食物奖励两只狗的"正常"行为。

叼衔、杀死及享用猎物，还要自我保护和防卫。

我们当然希望狗最好忘记自己有牙齿，根本不使用。可我们这种要求是反自然的。狗需要使用自己的牙齿，我们可以通过训练让狗建设性地使用牙齿，让它们啃咬自己的玩具。这样，狗很容易就可以学会抑制自己的啃咬天性，对其他的动物，包括我们人（参见140—141页），都很温柔。小狗在乳牙时期就应该学习有一张"柔软的嘴"。到狗5个月大左右，换了牙之后再训练就太晚了。小狗训练班是训练狗啃咬习惯的最好地方。

### 为未来作准备

如果你和我一样，你会希望狗

## 老布贴士：养了两只狗的家

不要"因为它是狗宝宝"就给新来的小狗一些旧狗没有的特权。绝对不要把旧狗的玩具给小狗玩儿。

训练一只狗的时候，别让另一只狗听见。否则，你就是不自觉地在训练另一只狗在未来忽视你的指令。保持旧狗现有的各种习惯，但确保两只狗都有各自的单独活动时间。

喂食时别让两只狗靠得太近。最好的办法是让它们尾巴对着尾巴，这样它们彼此就看不到了。

如果小狗太调皮，旧狗让它乖一点，这是自然现象。允许这事发生，你只要在旁看着就行了。

时时刻刻都很快乐，在你想要活动时，它陪你一起活动，在你忙碌时，它自己静静待着，它喜欢和各个年龄段的人做朋友，听话而不会吓唬人，可以乖乖跟着走路，有温柔的嘴，不会随便乱咬，还有幽默感。如果让小狗有足够多的活动，这些就更容易做到。开车带它去学校跑跑，带上它到你常去的咖啡店，让它经历各种生活。你的狗现在学习到的东西越多，你们的关系就会越融洽。

**2** 感觉到两只狗不会打架后，带它们靠近彼此。有些狗，比如图上这两只，只顾着自己探索这个新的地方，根本不在乎另外一只狗。但这时候，另一些狗则会开始对自己的同类感兴趣。

**3** 和另外一个牵狗的人平和地讲话，这会让可能会紧张的狗安静下来。一旦两只狗在中立的地方平和地见过面，家里的旧狗就不太会抗拒新狗的到来了。

# 新成年狗

领养成年狗有很多好处，特别是这只狗是你熟悉的或者是领养人熟悉的。成年狗会有已然成型的习惯和举止，无论你是从亲戚朋友还是邻居那里，或是从收养中心领养新的狗，你都要对狗的性格，诸如怪癖、缺点或者需要，做一个评估。有那么多的狗无人领养，且有可能落入被安乐死的结局，你若是能领养一条被救助的狗，可以得到极大的心灵满足。但是这种狗也可能为你带来未知的麻烦。

啃咬玩具

### 可预见的不确定性

狗和人交往的能力在12周以前就形成了。而怎么和其他狗相处则在18周前才能学会，控制自己的啃咬习惯也是如此。预防总是比纠正错误更容易。

一只成年狗可能会在救援中心顺利通过"试驾"（在那儿你会看几只狗，选择了这只是因为它安静而又沉稳），可是你一到家，它就成了一只精力旺盛、喜欢扑人，还会拽着狗绳到处跑的不听话的狗。不可预知的畏惧感，伴随着攻击性或是不可理喻的恐惧症，都有可能出现。

最常见的恐惧症是害怕被关起来，不管是关在狗笼里还是关在围栏里。尽管这些不好的行为看上去很没道理，但就整体而言还是在预期之中的。这些行为是早期不成功的合群训练或服从训练的结果，或者，如果狗没有结扎的话，是成年狗的荷尔蒙起作用的结果。

领养成年狗是一个奖励，但这些狗差不多都会需要某些形式的复健。狗的复健可能很令人沮丧，很困难，很费时间。即使好的救援中心的工作人员告诉你，狗会有些什么行为，但只有到了家里，你才能

观察到狗的完整个性，以及这种个性会怎样和你互动。

## 狗笼、狗围栏和啃咬玩具

如果你领养的新成年狗经过大小便训练，而且只啃咬自己的玩具，那就没必要用到狗笼或狗围栏。如果狗经过了大小便训练，但你不清楚它的破坏性有多大，你最好还是用狗围栏。无论哪种情况，你都需要给狗提供啃咬玩具。对那些咀嚼肌肉强壮的新狗，一定要给它们市场上买得到的最不容易被毁坏的玩具。耐咬的玩具很多。如果狗知道了用牙齿啃咬哪个部位，那种边滚边掉食物的玩具就很容易被咬坏。和小狗一样，成年狗也喜欢用肝做的点心。在玩具中多放几种点心，看狗最喜欢哪种。抹了奶酪或花生酱的狗饼干是最受大多数狗欢迎的，也很有营养。

## 保障狗有安全的家

所有的狗都很好奇，但家里新来的成年狗可能体型大而且好奇。除

非你很了解你的狗，否则你要假设狗会用后腿站着，在犄角旮旯里到处乱闻。厨房桌面上那些好吃的食物对会跳的狗根本不是问题。把家里易碎、贵重和美味的（如鞋子、内衣、袜子）东西都收好，任何对狗有吸引力或对狗有危险的东西都要收好。

你要假设每个从救援中心出来的狗都是逃跑专家。除非你知道花园很安全，狗在那儿也有东西可玩儿，否则千万别把新来的成年狗单独留在花园里。要特别留心花园的围栏是否对狗安全，尤其是如果你的狗是打洞能手或跳高好手的话。院门通常需要在底部加固，以免小狗跑出去。确定门锁是好的，并且门是锁着的。要把肥料堆、回收箱和垃圾箱用围栏围起来，要是有菜园的话，最好也围起来。把拦路的花盆也搬开，烧烤时别让狗靠近烧烤炉。给狗提供一块大小便的地方（参见96页）。如果你家里有阳台的话，从狗的角度想想该怎么做安全检查。别忘了，每只狗都有可能是一只

如果你领养的狗还没有经过大小便训练，或者会啃咬你的东西，你需要在家里给它准备一块大小适中、用围栏围起来的场地。

### 老布问答

**我该找谁咨询？**

就像你找育犬师咨询犬种，找宠物医生咨询健康问题，你可以找训犬师咨询狗的训练。但并非任意一个训犬师都可靠。找那些是有声望的国家机构会员的训犬师，例如宠物犬训犬师协会，英国职业训犬师学院，英国犬类行为辅导员协会，或宠物行为咨询协会（参见125页）。所有这些机构都有正式的职业伦理手册和申诉机制。不管是跟谁做咨询，只要你觉得有道理，那就按咨询的建议做。要是有的建议听起来太不靠谱，比如让你对狗特别凶，你就去询问宠物医生或兽医的意见。通常在你需要就狗的生活与训练方式的第三方意见时，他们会给你很好的建议。

超级狗，它们肯定会试着钻栏杆或者跃过栏杆。

## 循序渐进

你和新狗的蜜月在到家时就结束了，因为接下来完全是由你决定该怎么和狗建立关系。这也就意味着，接下来的几周要用一种理性、系统的方式来逐步建立你们的关系。你和狗之间要建立一种新的上下级关系，要让狗尊重你和你家里的其他人，你还要把狗介绍给家里的其他宠物，让狗认识新家、花园、邻居和小区环境。

*初次和新成年狗见面时要使用不具威胁性的身体语言。抚摸狗下巴是最不具威胁性的。*

你最需要关注的问题是狗有可能出现分离焦虑症（参见156—157页），即使让狗单独待上非常短的一段时间，狗也会极度痛苦和焦虑。容易得分离焦虑症的狗通常是那些跟你感情特别好，但是在陌生人前有些害羞的狗。如果你新养的成年狗紧紧围着你转，特别温顺，或是它曾经受到过虐待、忽视或者被很多家庭收留过，你要想到它会有分离焦虑症，想要消除分离的恐惧。

## 习惯于训狗

即使只是有些小狗会对你随便触碰它的全身表示反感，但在和你的成年狗相处的最初几周，你一定要特别当心。到家的最初几天内，试着探索一下怎样才会让狗觉得舒服。每天几次，轻轻地触碰狗脑袋、背和身体两侧。触碰狗嘴、耳朵、腿和爪子时要当心，有些狗会不喜欢。大部

### 老布问答

**要是我的狗夜间独自待着的时候又哭又叫怎么办？**

跟你家新来的狗玩儿，喂它吃，让它放松，然后再把它放到自己的房间或者围栏里。别大惊小怪。尽量少说话，避免看狗的眼睛，戴上耳塞，别理会狗的嚎叫、哭泣或者呜咽。（事先带着巧克力去拜访自己的邻居，跟他们解释说，家里新来了一只狗，开头几天的夜里可能会有些分离焦虑症的症状，会吵闹到大家。）成年狗可以夜里不用出去大小便，但是小狗宝宝还做不到，所以如果你要起来带着小狗到户外上厕所的话，一定要快速且安静，完事儿后就送狗回去。狗肯定想在外面玩儿，但你一定要坚定。只要几天，最多一个星期，你的新狗就会明白，嚎叫是不管用的。

分狗对你碰它们的尾巴会有反应，但是触碰狗的全身强调了一点：你是主人。毛发修理也是如此，因为会触摸到狗的全身。

一旦你的狗对触碰觉得很舒服了，开始轮流把狗爪子举起来一两秒钟。对狗温顺的服从进行经常性的奖励。如果狗有所挣扎的话，温柔而坚定地抱着狗，一直等到它安静下来。不要无意间让狗觉得蠢蠢欲动是可以的。训练环节的时间要短，一次几分钟而已，绝不要用手抓狗。

慢慢地把狗爪子举起来，以便让狗没有想到自己在动。正确训练你的狗，让狗对所

*所有的狗都很好奇。确保你的狗在拜访家里其他宠物时是拴着牵狗绳的。*

有的训练都习以为常是需要一些努力的。

当你觉得你把狗已经训练好了时，让陌生人重复同样的训练，让狗更听话。这样，我叫狗过来剪指甲就成了一件极其简单的事。

### 完美的成年新狗

你家的新狗是不是很沉重、外向，对每一个人都很友好，不是特别在意一定要得到你的关注？它是不是会先跟你打招呼，过一会儿又到处走走，因为有别的气味或声音吸引了它的注意力？如果你的狗是这样的，你真是个有福气的人。你的狗性格温顺而单纯。大部分收养的狗在情绪上都不会这么稳定。新狗进家的最初几天，你要准备好应付各种可能出现的情况，尤其是如果你的狗以前有被遗弃或者虐待的经历。好的训犬师能够帮助狗进行任何方面的复健，宠物医生应该可以为你推荐一位好的训犬师。

### 与其他狗见面

即使别人告诉你，你的成年新狗

和其他的狗相处得很好，还是要警惕发生意外情况。例如，我岳母过世后留下了一只叫比尔的狗，我姐姐收养了它。这是一只拉萨犬和斯塔福郡斗牛梗的混种狗（参见46和32页），5岁大，做过绝育手术，我从它1岁被收养时就认识它。我知道它喜欢狗，总是找其他的狗一起玩儿。所以当我

*猫是王者，有机会就会对着狗嘶叫或挑衅，所以先要安抚猫。*

姐姐跟我说，比尔每次看到别的狗就成了一只嗜血好斗的狗时，我很吃惊。比尔真的想要和别的狗打架，想打败它们。比尔的这种攻击性非常特别，因为它只针对斯塔福犬或者看上

### 老布贴士：狗门

对于想把新来的狗限制在某个房间或者房子的某个楼层，婴幼儿门栏是个绝佳的选择。

家里来客人的时候，特别是客人中还有孩子的话，你的狗可以毫无阻碍地看到他们。在走道里安置一个门栏也意味着，即使是一时冲动之下，你也不会把狗关进狗笼或者狗围栏内作为惩罚。

去像斯塔福犬的狗，它和我岳母住的时候从来没见过这种狗，但在我姐姐那里，这种狗很多。它的行为是由它在被我岳母收养之前的经历所引发的。我姐姐通过带它到极少见到斯塔福犬的公园中做运动，成功地抑制了这种行为。要是有时间的话，我姐姐就会带比尔慢慢接触一只性格沉稳的斯塔福犬，以此来消除这种行为。在介绍新狗和家里的旧狗或其他狗见面时，要选择中立的地方，并让狗不断地跑动，这样它们就不会互相"虎视眈眈"。让它们互相嗅，但别把狗拴得太紧（参见164—167页）。它们可能会过于兴奋而乱咬，要是这种情况发生，且有其他攻击性信号，一定要把它们各自带开。

### 与家里的猫见面

如果猫总是有个安全的藏身处，猫狗通常相处得很好。和新的小狗不同，新的成年狗可能已经是个追猫老手了。它们的初次见面应该在一个平稳而安静的环境中，狗一定要牵着，这样猫就不会有危险。如果狗会受到过度刺激，那么初次见面时最好有两个人在场。让猫狗各自待在合适的距离范围内，确保狗不会马上去追猫，然后再让猫狗慢慢接近。

### 与其他小宠物见面

务必确保你的狗不把小的自由放养的家居宠物，比如兔子、豚鼠，当作刺激的新型午餐。初次见面要安静，别乱哄哄的。给狗拴上绳子，给它一些其他好玩的东西，比如啃咬玩具、衔叼玩具、食物，或者和你一起玩儿。监控它们的见面，在肯定狗和其他宠物相处不会有问题之前，绝不要让它们单独在一起，一定要确保小宠物们有紧急逃生路线。

### 与邻居见面

你当然希望自己的狗和邻居也会友好相处。在新狗进家之前，先拜访邻居，告诉他们，你准备养一只新狗

### 老布问答

**要多久我才可以把狗独自留在家里？**

这既取决于狗过去的经历，也与狗的品种有关。像边境牧羊犬（参见54页）和拉布拉多寻回犬（参见20—21页）这类活跃的工作犬，被单独留在家时会疯狂闹腾，就算给它们留了分散注意力的玩具也不行。而像罗威纳犬（参见42页）这类不太活跃的狗，则要好得多。一般而言，狗的个性越是沉稳、安静，单独留它在家蜷着身体睡觉时，它就会越高兴。精力越是充沛的狗，就越是难以仅用玩具就让它们快乐。开始的时候，别把狗单独留在家超过1小时。最终，很多狗单独在家的时候可以增加到5到6个小时。

# 带狗离开冲突现场

**1** 对来历不明的流浪狗而言，具有攻击性并非特别罕见。通常一只狗会试图惹怒另一只狗。这类行为大多会发生在狗被牵着走的时候。

（带着小礼物上门最好），开始几晚你训练狗独自睡觉的时候，可能会吵到邻居；等狗稍微熟悉一些，你会带着狗来和他们交朋友。见邻居时准备一些宠物零食，比如肝点心。当你带狗见邻居时，一定要牵着狗，当邻居喂狗点心时，要避免直视狗的眼睛。这样，你的狗就会期待再次看到邻居，并在邻居出现时，不会出于自我保护而汪汪叫。

### 应对突发事件

　　新狗身上会出现的一个意料之外的严重问题就是打架。关注狗表达潜在攻击性的肢体语言的"梯级"，

你就可以做好准备：狗站得高高直直的，被毛竖起，尾巴直立，眼睛瞪着，耳朵平贴在脑袋上，嘴里咆哮着，身体不断地想冲上前，最终想要撕咬（参见15页，"攻击行为的梯级"）。你若是观察到这种现象，最好赶快带狗离开现场。稍后些，你再对狗进行教育，让它以后不要这么容易去和别的狗打架（参见164—167页）。

**2** 观察狗的表现，看它是否即将会发出攻击行为。这些表现包括站立不动，眼睛和对方对视，或者尾巴和被毛都竖起来。如果观察到这些威胁性现象，立刻把狗带离其他狗所在的地方，防止狗有进一步的攻击动作。

# 大小便训练

狗天生就爱干净。这是它们成功成为人类最古老伴侣的重要原因。对它们做大小便训练并不难。可以采用关禁闭的方式来预防坏习惯，绝不惩罚它们犯的错误，经常带它们去厕所，与此同时还给它们食物、表扬或者和它们玩儿，这些奖励方法都不复杂。仅仅需要依据时间，预测狗什么时候要上厕所，然后把狗带到指定的地方。你在训练狗和你做交易：只要狗按指令大小便，你就给狗美味的点心，还和它一起玩儿。

### 基本规则

大小便训练规则很简单。你在家的时候，把狗关在笼子里，每个小时带它去一次大小便处。每次在狗吃喝完毕，玩耍结束，还有刚刚睡醒的时候，立刻带它上厕所。如果你不在家，就把狗笼门开着，让狗很容易到你指定的室内大小便之处（参见79页）。牵着狗到指定的厕所区域，狗大小便之后，用特定的词或词组来表扬它。用其他各种方式来肯定它的行为：口头表扬、狗点心、会唧唧叫的

### 老布问答

**我家有草皮和砖路，狗吃草而且在砖路上睡觉怎么办？**

没有一个方法适用于所有的狗。要是你没有办法把家里的厕所和室外厕所弄得一样，或者你的狗根本就是在上面玩儿，而不是在上面小便，那就把狗关到狗笼里，然后用"带狗出去——回来"的方法加以训练（参见93页）。

*只要让小狗能经常去厕所，它就不太可能把自己的床弄得乱糟糟的。*

*不管你的狗开始时用的是报纸还是小盆，在它四处检查自己的厕所时，静静地站在一边就可以了。*

玩具，还有满意地抚摸它。要是狗3分钟后还没有动静，就带它回狗笼，半个小时后再带它出来一次。当狗解决了大小便之后，可以和它在室内或室外一起玩耍。

## 带狗出去——回来

带狗出去——回来

很枯燥，但大小便训练就是如此做的。狗醒了以后，马上带它出去。狗吃喝后20分钟内，带它出去。安静地玩耍后5分钟内，带它出去。剧烈运动后，立刻带它出去。运动会让狗有尿意。还要根据狗的年龄决定带它出去的频率：狗越小，越需要更经常地带它上厕所。

## 观察狗发出的信号

狗开始闻嗅地面，加快走路的速度，开始兜圈子，开始挠地，或者开始蹲下来，这都说明狗要上厕所了。一看到狗有这些动作，你要在几秒钟内把狗带到它上厕所的地方。如果你还没给它划定上厕所的区域，那就把它带到你想让它方便的地方，这块地

*在小狗准备上厕所时要牵着它。不管是现在还是以后，这都可以保证它的安全。*

方要尽可能让狗觉得无聊。小狗很容易分心，蜘蛛、苍蝇、花朵、树叶都能让它不专心。生活很精彩！别让它注意任何让它分心的东西。在一边安静地等着，别总是对狗指着你要它去的地方。如果你的小狗过了3分钟还没有动静，把它带回狗笼。30分钟后，再重复相同的户外训练。

### 带狗出去

在家里立规矩，让全家人都知道应该做什么。别让小狗自己出去，而是带它出去。无论天气如何，总要和它在一起。

| 年龄 | 狗能憋尿多久 | 至少要方便几次 |
|---|---|---|
| 8 周 | 2 小时 | 每24小时12 次 |
| 12周 | 3—4小时 | 每24小时6—8次 |
| 16周 | 4—5小时 | 每24小时5—6次 |
| 20周 | 5—6小时 | 每24小时4—5次 |
| 6个月 | 6—8小时 | 每24小时3—4次 |
| 7个月 | 12小时或更多 | 每24小时3次 |

这只小狗因为以后会到外面花园里撒尿，所以它被训练在室内草地上撒尿。

## 基本守则概述

如果每次狗小便时，你都用同样的话来表扬它，它就会把你的话和小便联系起来，而且还会和去小便的需要联系起来。听到熟悉的话会让它尽快完成任务。

训犬师把这个现象称为"条件反射"。小狗在听到这些特定的触发词时就会给予回应。学会听你的命令就去大小便，意味着以后若需要带狗出去旅行或者让狗独自在家，你可以提前让狗上厕所，做好准备工作。

你要想好一个特定的词汇做口令，大便和小便的口令要不同，不要使用日常沟通中常用的词汇。记得全家都要用相同的口令。在公园里的时候，你可能会高兴地对狗说"拉粑粑"，但家里其他人会说吗？我知道有人用"快点"作为口令让狗小便，用"干活了"让狗大便。

## 养成习惯

你和狗都需要专心于正在做的事上。不管你的狗是小狗还是成年狗，都用狗绳牵着，带到指定的厕所，最好你事先在那个地方洒些狗的

尿液（比如放上沾了狗尿的报纸）。让狗在那里四处闻，在它开始小便的时候，赶快说指定的口令。等狗尿完后，夸张地表扬它。给它点心奖励，口头称赞它，和它一起玩耍。

每次都去同一个地方。对狗而言，脚踏实地的触觉经验很重要。狗早年的感觉会成为其一生的"基础偏好"——当它站到某种特定的地面，比如草皮或石板路的时候，它就有上厕所的欲望。你的狗会把脚底下踩着的感觉和它上厕所时的美好感觉联系在一起。

## 食物奖励和口头奖励

有人觉得这挺难的。但当你的小狗完成了你的要求后，越是让它觉得你很高兴，小狗就学得越快，知道做什么，到哪里做，最终听口令就能执行命令了。"哇噻！""好孩子！""太妙了！""你太棒了！""这是小狗拉的最大的粑粑了！""我要让你加入小狗拉粑粑奥林匹克竞赛！"扮演一个小丑，用最快乐的声调说话，让小狗觉得它能在外面上厕所很了不起。给个点心奖励，给它扔个球，或者跟它嬉戏追逐。你要教它，先上厕所，然后才可以玩耍。别滥用点心奖励。聪明的小狗会只尿一点点来换吃的，留着存货以谋求更多的食物奖励。

## 偶发事故

忽略家中发生的意外。如果你的狗没在指定的地方上厕所，那不是狗的错，而是你缺乏观察力，或者对狗要方便的时间没有掌控好。只要多加练习，你就可以控制好时间了。别忘了，你在这方面也是个新手，所以不要太苛责自己，当然也别训斥狗。对狗来说，惩罚只意味着，你是不可理喻、喜怒无常的，所以不值得信任。

如果你目睹了一场偶发事故，快速而安静地把狗拎到外面。要是它在外面接着上厕所，给它表扬。尽快清理狗的尿液，用除味剂清除异味。醋、酒精和伏特加都是很好的除味剂。别忘了，要是狗在狗笼里大小便，那可是你的错。狗笼可能太大了，或者你让狗在笼子里待的时间太长了。减少狗外出撒尿前在狗笼里待的时间。你很快就会知道多少时间是合适的。基本教训就是：对好的行为加以表扬，对不好的行为不去理睬。你可以慢慢增加狗外出撒尿的间隔时间。观察狗的需要。是狗的膀胱能憋多久决定了狗上厕所的时间，而不是你制定的时间表。一定要有耐心。

## 大小便训练中的典型问题

有些小狗在家学会了在纸上小便，需要更多一些时间才能学会在户外上厕所。别以为把狗带到外面，它自己就知道怎么办了。即便家里后院有栅栏，也要给狗戴上项圈，拴上狗绳。牵狗绳不是要纠正狗的动作，或者使劲儿拽狗，而是让它别远离你。和狗待在一起，一直等它方便完，然后夸张地表扬它。有些小狗在户外会

因为各种原因憋着不尿，比如对脚下踩着的地方感觉不舒服，正在下雨，甚至是因为刚从树上掉下来的那片叶子让它害怕。这些小狗会憋着，一直等回到家里，觉得安全了，才到自己喜欢的地方撒尿，比如尿到报纸上。如果出现这种情况，把小狗关回狗笼，然后更频繁地带它出去，在它应该上厕所的地方事先放上沾了尿液的报纸。

*在你家的新狗宝宝大小便之后，总是给予热情的口头表扬和点心奖励。*

## 惩戒没有用

要是小狗犯了错，你就摁它的鼻子，那我也要摁你的鼻子！这真是种又笨又傻又没有意义的行为。你跟谁学的？这样可能满足了你惩罚小狗的愚蠢需要，但实际上只会让小狗远远地躲开你，不让你接近，小狗会觉得你是个不可捉摸、不讲道理的人。你若是看到小狗犯了错，要坚定地对它说"不可以"，然后把它带到上厕所的地方。

你若是发现狗做了错事，别当回事。狗并不理解你生气是因为它做错了事，即使你生气的是它一分钟前做的那件事。它那种畏缩的样子并不是觉得自己做错了，而是知道你要对它做什么不好的事了。它们只知道你很生气。狗做错事时，别揉狗鼻子。如果你去揉，就是愚蠢的，你不应该养狗。

没有结扎的公狗会在立式物体上撒尿作为记号。为狗结扎可以极大地减少这种行为。

## 室内用猫砂、草皮和尿垫

在我看来，这些东西都是给那些懒惰的狗主人用的。居住在高楼里的狗主人更常用到。大小便并不是狗外出的唯一理由。狗应该每天都出去几次，感觉一下生命的乐趣，见见其他狗朋友，看看世界到底是怎样的。

对不方便经常带狗出门的老人和伤残人士来说，可以训练小型狗在家上厕所。可以用猫砂，但是每天至少要把尿湿的部分清理一次。草皮比较重，需要经常更换。尿垫很贵，而且很快就会有难闻的气味。

## 成年狗大小便训练

训练小狗和成年狗的显著区别在于，成年狗先要忘了以前的习惯，然后方能学习新习惯。如果你新领养的狗以前从来没有过大小便训练，那它已经养成了自己的大小便习惯，而且可能是在你不希望的地方大小便。可是这不是狗的错。

你要让新养的狗知道你要它做什么，而要教会它。你要从头做起，就像教小狗一样。狗待在房子里时，你要随时看着，限制它的行动自由，除非它把所有的坏习惯都改掉。例如，你可以拴上狗绳，每小时带它出去一次。这样做有助于狗把注意力转到你身上，想要做得让你高兴。要是狗在白天大小便的时间总是不太合适，你可能要看一下喂食时间表，也许需要做些调整。

## 多只狗的大小便训练

让两只狗同时参加任何训练都会

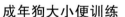

装狗便便的垃圾袋可以放到这个小工具里，装在狗脖绳上或者拴在你的钥匙链上。

可分解式垃圾袋

### 老布问答

**在我小的时候，我们只是把狗放在后院，狗就自己学着大小便了。为什么我现在必须做这些？**

三大优点。首先，你的小狗学会听口令上厕所。时间现在对我们更宝贵了，所以要是我们的狗可以按我们的要求行事，我们会心怀感激。其次，如果你陪着狗，你知道狗是否已上过厕所，这样你可以很放心地让狗在屋外四处走动一会儿。要是你没陪着它的话，你就不知道狗回到屋子后，是否会给你制造些意外。第三，你可以把所有的细节都告诉我。这样，狗要是有什么不对，你马上就知道了。宠物医生可以知道狗每天大小便的次数，大便的形状、软硬程度，尿量或便量，还可以附上照片和视频。

问题重重。要是你有两只狗，最好分别把它们带到大小便的地方，单独训练。当另一只狗不在场时，赞美、奖励其中一只狗，用易触发狗的字眼来训练。

### 顺从性小便不是大小便训练问题

如果你的狗，不管是小狗还是大狗，因为过度兴奋或者因为你摸了它，就到处撒尿，这种情况不是大小便训练的问题，而是狗无助、"我不配"的顺从性行为表现。

大多数小狗在发育过程中会逐渐克服这种情况。但要是你的狗出现这种情况，最好找出诱因（参见158—163页）。

### 老布贴士：狗生病的迹象

如果狗小便比平时频繁，可能会是身体有病，例如尿道或膀胱发炎。要是这样的话，那可不是"意外"，而是一种灼烧感促使狗赶快把尿排出去。你要立刻带狗去看医生。

同样，要是狗出现腹泻的现象，也要立刻去看医生。腹泻通常是饮食上剧烈变化导致的，或者是因为狗通过吃树叶来探索周遭的环境而引起的。即便只是简单的腹泻（不带血，也没有呕吐现象），要是一天之内没有好的话，一定要和医生联系。除非医生说没事，否则，如果狗大小便不正常，你可以断定狗是生病了。

### 大小便的多种功能

成年狗大小便主要是清空自己的身体，但这也是和其他狗用气味来沟通的方法。所以在进行大小便训练的时候，一定要区别狗是真的在小便，还是用小便来圈出自己的领地。狗用尿来标注自己领地的这种方式和性荷尔蒙有密切关系。大小便训练并不能控制这种标注领地的行为，但是狗做了结扎手术之后，则基本不会再有这样的行为。

# 捡狗便便

**1** 拾捡狗便便的工具有各式各样的。最简易、也最经济实惠的工具，是这种可分解式垃圾袋。

**2** 把垃圾袋反过来护着手捡起狗便便。对一个宠物医生来说，你养成这个习惯的益处就是，如果需要的话，你可以告诉我狗便便的软硬程度。

**3** 再把垃圾袋翻过来包住便便，然后打个结，扎紧。别把垃圾袋扔到别人家的花园，扔到自己的垃圾箱或者专门收集狗垃圾的筒里。世上"反狗"人士已经足够多了。

# 良好的营养

　　我该给狗吃生的食物吗？宠物食品厂家会加入添加剂来让食物可口吗？狗要是吃猫粮是不是不好？我一天要给狗吃几顿？每顿吃多少？什么是"处方"饮食？我回答的关于狗的吃饭问题和关于狗的其他问题一样多。大家都知道营养很重要，所以人人都关心该给狗吃什么。好的营养一点都不难：狗每天只需要足够的卡路里来维持良好而健康的身体，但在长身体、怀孕和哺乳期间，还有疾病恢复期，都会需要额外的能量。小狗尤其需要大量的能量补充。

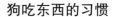

除了用作奖励的食物之外，其他的狗粮都要放入狗碗。

## 狗吃东西的习惯

　　狗像我们人类一样都是食肉动物，也都不会放过任何吃的机会。它们喜欢吃肉和动物脂肪，但要是没有的话，狗也吃别的东西，比如浆果和蔬菜。狗可以在吃极少量食物的条件下生存，但我所见到的狗并不缺乏食物。我看到的情况常常是狗吃得太多了；太多的

*这只瘦狗全身没有一点肥肉，不仅好看，而且研究表明瘦狗还比胖狗长寿。*

肉，太多的脂肪，太多的卡路里，但是缺少咀嚼。

## 瘦狗更长寿

在北欧和北美，每3只狗中有1只是超重的。很多已经是临床上的肥胖症了。

美国有一项独特的长期研究，研究了7窝48条拉布拉多犬（参见20—21页）。这些狗全都养在同一个地方，由同一群人喂养，看的是同样的医生。一组24条狗在饮食上完全没有节制，结果X光检查出，它们在6岁的时候就得了髋关节骨性关节炎。另一组24条狗在食量上要减少25%，结果显示，它们中第一次发现髋关节骨性关节炎的年龄是12岁。偏瘦的狗在寿命上也比它们吃得多的兄弟姐妹平均多活18个月。

好的营养不只是可口。均衡的营养不仅能提高狗的生活质量，而且可以延长狗的寿命。

## 喂食

小狗需要食物来提供能量，以维持日常活动以及成长发育。在育犬师那里，小狗从3周起就断了母奶，开始吃粥状的半流质食物。有些育犬师会把干狗粮打碎后拌上水或羊奶给狗吃，还有些人则给狗吃湿的狗粮或者家里做的食物，例如炒鸡蛋、肉糜或者婴儿谷物。6周大时，小狗断奶（狗妈妈的奶水开始枯竭），一天开

*每天换一碗水。*

始吃6餐。小狗来到你家的时候，会需要一天吃4餐，然后在3个月内减成每日3餐，在6个月后减成每日2餐。

厂家生产的幼犬粮，不管是干的还是湿的，都比成年狗粮能量更充足，富含维生素和矿物质。给狗用那种不容易被推倒或推开的厚重的狗碗吃饭和喝水。陶瓷碗是非常好的选择。

## 狗粮的品种以及品牌

市场上的狗粮分湿狗粮（含75%—80%水分），半湿狗粮（含15%—30%水分），或者干狗粮（含6%—10%水分）。食物的干湿和好坏没关系，而是与方便与否有关。干狗粮通常喂食大狗更方便，湿狗粮一般更好吃，所以小狗更容易接受。宠物主人要求更好的食物，厂商的回应就是在产品描述上更加花里

胡哨。如果我给我的狗喂食的是"全营养"狗粮，也许会让我的内心沾沾自喜，但这个名词真的没有意义。"全天然"这个词也一样无意义；铅和砷

是天然的，但我不会把它们喂给我的狗吃。

最近出现了"人类级别食材"的狗粮，是由适合人吃的肉和内脏制成的。但是这些狗粮的生产、储存和运输很少符合供人类消费的食物的卫生标准。无论哪种狗粮，其价格一定是由狗粮的成分和品牌的广告预算来决定的。

### 厂家添加的成分

所有的狗粮中，厂家都会加入维生素和矿物质，以保证狗所需要的营养成分。其中的某些成分，比如维生素E，是作为抗氧化剂加入的。抗氧化剂可以防止食物变坏。

这些成分进入狗的身体后，可以抑制狗体内具有破坏力的"自由基"的形成。所以，抗氧化剂可被称为

---

## 平衡营养配方

**家庭自制的狗粮食谱样本：**

| | |
|---|---|
| 蛋白质 | 70 克（2 ½ 盎司）鸡肉和 30 克（1 盎司）鸡肝，煮熟 |
| 碳水化合物 | 140 克（5 盎司）米饭 |
| 脂肪 | 20 克（¾ 盎司）葵花子油，菜籽油，或玉米油 |
| 矿物质 | 小勺盐和 10 克（¼ 盎司）煮过的骨头 |

这个食谱大概有 880 卡的热量，足够满足一只运动量大的 10 公斤（22 磅）重的狗一天的需求。

---

# 给新狗喂食

**1** 吃饭时是开始和强化服从训练的最佳时间。在准备食物的时候，命令狗坐下等着。

**2** 在把狗碗放到地上之前，命令狗"等着"。拴上狗绳可以确保狗听你的命令。

"自由基清除剂"。给大型狗吃的食物中有时会含有保护或帮助软骨和关节组织再生的营养成分，例如葡萄糖。这些营养补充品是否有用在科学上还没有得到充分证明，但是目前没有发现有什么问题。

发酵纤维，如麦麸或纤维素，被加入"清淡"饮食中，给肥胖狗或者不爱运动的狗狗吃，也可作为像拉布拉多犬（参见20—21页）这类容易患肥胖症狗的特别饮食。发酵纤维基本上不含热量。

狗粮的调料一般源自动物或植物，有时人工合成的烟味或培根味调料也被添加入一些狗粮，因为那味道是我们所喜欢的。狗粮中添加药草及药用植物，要么是因为狗喜欢那种味道，要么是因为真的有治疗作用。在某些食物中，特别是便宜的食物中，会使用人工色素，让食物看上去新鲜一些，或者更有肉的样子。天然色素，例如从绿色叶子中提取的叶绿素和从胡萝卜中提取的胡萝卜素，也是常常使用的。

## 老布问答

### 狗可以吃素吗？

如果让狗从氨基酸和脂肪酸的肉类和蔬果中选择，绝大多数的狗狗会选择肉类。素食和纯素饮食必须添加维生素D。最好的商业狗素食应该是营养均衡的，是那些不管是出于伦理原因还是宗教原因都不愿意在家吃肉的人士的理想选择。

**3** 用特定的词，比如"OK"，作为指令，告诉狗可以从等待状态进入吃饭状态了。

**4** 在狗吃饭的时候，给狗指令，命令它停下。你在家能够打断狗的吃饭，就可以在户外喝令狗不要随便乱吃地上的脏东西。

# 能量来源

狗的生存需要能量，能量以卡路里计算。和人类一样，狗也是杂食动物（吃肉和蔬菜），可以从蛋白质、脂肪和碳水化合物中汲取能量。

狗也需要各类有机化合物（大致分为维生素和12种不同的矿物质），来维持身体的有效运转。有些矿物质的需求量很大，比如钠；有些则很小，比如碘。

狗粮中的维生素和矿物质不足的情况很少，狗对维生素和矿物质的摄入量一般是过剩，因为狗主人除了给狗吃营养均衡的狗粮外，有时还会额外乱加营养品。你会因为让狗摄入过多的营养品而无意间引起狗的营养问题。

## 不同的能量需求

从出生到长大到成年狗体型的一半大，这段期间小狗对能量的需求是大狗的2倍。在接下来的成长过程中，小狗对能量的需求比大狗多50%左右。狗一旦成年，你就需要减少它的能量摄入。这也意味着要减少狗粮，或者把高能量的幼犬粮改为低能量的成犬粮。重大疾病会影响狗对能量的需要，在狗生病期间和病愈之后，需要更高能量的狗粮。

### 老布问答

#### 什么是兽医餐？

兽医餐是指那些你通常只能从宠物医生那里得到的狗粮，这倒不是因为食物中有任何药物成分，只是因为生产厂家希望通过医生的渠道来销售。买这些食物可以节省时间。如果看到狗有腹泻、皮肤瘙痒或超重，我会想通过换狗粮来解决这些问题，而不是试图自己在家为狗做低磷、高纤维、低钠或高牛磺酸的食物。我只需要找到一份合适的兽医餐。

### 氨基酸

蛋白质的成分是氨基酸，氨基酸是身体的"基石"。狗可以在体内合成吸收某些氨基酸，但不是所有的。它们无法合成但需要在食物中补充的氨基酸被称为"必需的氨基酸"。高品质蛋白，特别是肉蛋白，含有所有10种必需的氨基酸。身体内重要的生

*除了用作奖励的食物外，其他的狗粮都要放入狗碗。*

物性化合物都需要氨基酸，同时氨基酸也提供碳链所需要的葡萄糖，为身体提供能量。如果有选择的话，狗会选择高蛋白食物，通常也就是肉。

## 聚集能量的脂肪

狗通常比我们消耗更多的脂肪。好的脂肪来自动物或者是像葵花籽这类植物种籽油。

脂肪由更小的脂肪酸组成。狗可以合成某些脂肪酸，但有些则无法合成，那些狗不能合成的被称为"必需的脂肪酸"。这些脂肪酸不仅在细胞结构和功能中起着重要的作用，而且还带有脂溶性维生素A、D、E和K。

狗和我们一样都喜欢脂肪。我们用油煎炸食物，在面包上涂抹黄油，或者在水果上淋油。宠物食品厂家会保证其生产的食品中富含脂肪，因为不仅狗的身体需要脂肪才能正常运转，而且脂肪闻起来很香，味道也好。狗会觉得那些散发脂肪气味的食物更好吃。

脂肪酸中的Omega-3，如DHA（二十二碳六烯酸）和EPA（二十碳五烯酸），会减少炎症，并有助于学习，而Omega-6中的亚油酸和花生四烯酸，则是保证皮毛色泽、凝血功能和心脏功能所必需的。

## 糖、淀粉和纤维素

能量的最后一个来源是可消化的碳水化合物，通常都是从蔬菜谷物中得到。有些含有糖分，如被小肠吸收的葡萄糖或蔗糖，而有些则经过小肠中的酶分解为糖。

未被消化的碳水化合物从小肠进入大肠或是直肠，经由那里的纤维微生物发酵，产生脂肪酸以及肠气。如果你的小狗放屁把你熏出屋子，这就是小狗放屁的原因。未被消化或者发酵过的碳水化合物对狗而言是好的，虽然会让狗放屁，但是有助于控制血糖。有证据表明，未被消化的碳水化合物也会有助于增强免疫功能。

## 营养过剩和营养不良

宠物医生现在很少看到狗会缺少维生素和矿物质，但是却会看到由于主人的好心而造成的营养过剩所产生的问题。最常见的问题是，狗在发育时吃了太多的钙而引发了一系列骨骼和关节的毛病。30多年前，瑞典兽

| 如何喂养快食者 |
| --- |
| 慢食碗 |
| 架高食碗 |
| 把食物藏起来 |
| 多餐 |

给吃饭快的狗用的慢食碗

## 日需热量（千卡）

就技术层面而言，1卡路里就是将1克水烧热1摄氏度（华氏1.8度）所需要的能量。1千卡是1000卡路里。食品标签上一般标的是千卡。

| 重量 | 成长中的小狗 | 活跃的成年狗 | 工作狗 | 安静的狗 | 老年狗 |
| --- | --- | --- | --- | --- | --- |
| 2—5千克（4½—11磅） | 295—590 | 210—420 | 210—420 | 185—370 | 150—300 |
| 6—10千克（13—22磅） | 675—990 | 480—705 | 675—990 | 420—620 | 345—505 |
| 11—20千克（24—44磅） | 1065—1665 | 775—1180 | 1065—1665 | 665—1040 | 545—850 |
| 21—30千克（46—66磅） | 1725—2255 | 1225—1600 | 1725—2255 | 1080—1410 | 885—1155 |
| 31—40千克（68—88磅） | 2310—2800 | 1640—1990 | 2310—2800 | 1445—1750 | 1180—1430 |
| 41—50千克（90—110磅） | 2850—3310 | 2025—2350 | 2850—3310 | 1780—2070 | 1460—1690 |

医赫德哈马尔（Ake Hedhammar）就解释了补钙过多会产生的问题，但从我的客户那里，我了解到大型和超大型犬的育犬师仍然在要求那些新手主人给自己的小狗补钙。千万别听他们的！根本不需要补钙，而且还会有害，这就像有些育犬师会建议在大型犬宝宝成年前不要让它上下楼梯或奔跑一样。事实上，所有适量的运动都有益于小狗的生长发育，即使对于发育最快的小狗也是如此。

## 生鲜狗食

旧石器时代人类饮食和狗狗吃生鲜狗食，是这10年来的两种社会现象。给狗喂食生鲜食物并非基于合乎逻辑的理由。

就我个人而言，除了一些特定的情况，我并不会像某些宠物医生那样，担心给宠物喂食生鲜食物。好的生鲜食物通常会产生几乎无臭的粪便，而且我很少看到吃生鲜食物的宠物超重，但是这些好处不是因为食物是生的，而是因为食物是没有经过加工的。（认为烹饪会破坏消化酶的想法完全是愚蠢的。酶不在食物中，而

### 老布问答

**狗需要补充营养品吗？**

营养补品的生意兴旺之极。尽管效果如何还有待科学验证，但我会给狗吃。我给年纪大的狗补充自由基净化剂（含硒、锌、维生素A和维生素E），给有关节炎、皮肤病或有炎症的狗补充重要的脂肪酸（如含有EPA和DHA的鱼油或亚麻籽油），给容易患关节病的狗补充"软骨"（如葡萄糖或绿贻贝）。我还给发育中的小狗和老年狗补充含乙酰I–左旋肉碱、DHA脂肪酸、维生素C和E、硫辛酸、n–乙酰半胱氨酸、辅酶素Q10、磷脂酰丝氨酸和硒的"健脑食品"。

是分泌在肠道里。）然而，几乎所有的生肉都感染了潜在有害的细菌，如沙门氏菌和弯曲杆菌。烹饪可以杀死这些细菌，而吃生肉的狗则通过粪便排出这些细菌。这就是为什么大多数接受转诊的动物医院禁止给住院狗（或猫）喂食生鲜食物。这也是为什么如果你家里有人免疫力下降的话，你就不应该给你家的狗喂生食。就猫而言，新鲜肉（不管是生的还是熟的）要比干猫粮好消化，尽管这跟猫的健康是否相关还值得商榷。而对于狗来说，还没有任何科学研究表明，吃生食会有什么好处。如果你愿意的话，尽管给你的狗吃生鲜食物好了，但是不要以为这是最健康的选择。

*狗点心对狗的牙齿和牙龈都很好，但是热量很高。*

## 家常狗粮

我已经太老了。我不仅记得面包和牛奶是由马拉的车送来的（银木牌牛奶和布朗面包），我还记得大多数狗吃的都是我们饭桌上的剩饭。坦白说，有些狗就是因此而营养不良的。要是你想为狗做饭的话，肉含量不要太多。肉中的维生素A和D含量很低，含钙量就更低了。你要是只给狗吃肉的话，你会杀了这只狗。别给狗吃豆腐和豆制品，尤其是不要给厚胸腔的狗吃。这些食物会刺激气体的产生，增加致命性胃气胀的危险。

## 防止狗护食

如果看到新来的狗宝宝，特别是新来的成年狗，总守着自己的狗粮，别太惊讶！食物对狗很重要，很多狗都会守着自己的食物甚至狗碗。预防这种情况相对容易，但是狗一旦养成习惯，纠正起来就会有些困难。

先让狗习惯于从你的手里取食物。这会让狗的注意力集中在你身上，而不是狗粮上。坐下来喂狗，一只手里放一些狗粮，另一只手抚摸狗。每次只喂一丁点儿，否则狗会吃得到处都是。结果就是，狗吃食的时候既不会在意你的在场，也不会在意你的抚摸。

接下来，训练狗在吃饭的时候，既让你抚摸它，也让你把狗碗拿开。狗在碗里吃饭的时候，靠近它，先往碗里加点美味点心，用手把点心和狗粮混在一起。狗会好奇你是怎样做到的，是怎样会让狗粮变得这么好吃的。接着，一只手拿着美味点心，一只手把狗碗拿开，然后把点心放进碗里，再把碗放回去。这样慢慢训练狗，狗就能接受暂时"丢了"自己的食物，如此训练出来的成年狗就不会总是守着自己的食物了。

*啃咬食品*

### 老布问答

**生骨头对小狗有益吗？**

让人抓狂的答案是："是，也不是。"骨头富含营养，啃骨头可以保持牙齿和牙龈的健康。但是用力啃骨头可能会导致狗把臼齿磨断，引发疼痛和感染。由于狗的牙斑菌及牙龈感染，我对狗最常做的治疗之一，就是狗牙的清洁和抛光。所以，我个人以为，在考虑狗对啃骨头的兴趣时，要考虑到折断牙齿的危险。但是情况当然要比这更复杂。如果一只狗在小时候没有学会正确地啃骨头，它极可能会吞下大块的骨头。软的鸡骨头、猪骨头或者羊骨头可能阻塞肠道，需要手术治疗。你要是想给狗啃骨头，最好给狗坚硬的牛骨头，并从小狗时开始。要是狗长大了你才开始，那就要盯着它吃，在狗吞下骨头之前，及时拿走骨头。

还有一些注意事项。生骨头不可避免地可能带有讨厌的细菌。如果家里有人免疫力低，别给狗吃生骨头。对狗来说，骨头是无价之宝。如果家里有好几只狗，要是它们为了骨头而争抢，就别喂它们骨头。

### 老布贴士：喂食

- 黑巧克力中含有对某些狗潜在有毒的成分。
- 生葱、葱粉、牛油果和生土豆都可能是有毒的。
- 训练狗只吃狗碗或你手里的食物，千万不要从你的盘子里分食，也不要从餐桌上给狗食物。
- 葡萄干和葡萄对某些狗有毒。可以适量地给狗吃，或者干脆不给。
- 别吃垃圾食品，狗也不要吃。
- 如果挑嘴的狗从你手里吃食或者把狗碗垫高后吃食显得容易些，请兽医检查一下，狗是否上食道有问题。
- 如果你有两只狗，每只狗都要有自己的狗碗。喂食时让它们尾巴相对，不能互相看见。
- 每天检查几次狗的水碗，保证碗里一直有足够的新鲜水。如果发现你的狗喝水比平时多，要马上联系兽医，通常这是生了大病的信号。

# 训练用品

社会学家告诉我们，购物在西方社会是最流行的休闲活动，接下来是户外走路——除非你是在瑞典，那里打猎位居第二（但打猎仍是靠走路完成的）。不管你住在哪里，狗都是这两种流行休闲活动的中介。狗用物品市场蓬勃发展，很多国际知名公司生产各种价格和用途的东西可供你挑选。买东西的时候，一定要记住挑选专为狗设计的，而不要仅仅看是否时尚，还要确保带狗旅行时买的东西有用。

*梅酷迪（Mekuti）平衡背带牵狗绳*

## 项圈、背带、狗绳和铭牌

你已经有了小狗的项圈和牵狗绳，现在你可以升级，使用那些能保证狗的安全，并有助于你训练狗的用品了。啊，当然了，你要是喜欢的话，可以在狗的项圈和狗绳上都赶时髦；狗是我们自身的延伸，所以你尽可

*温和狗嘴套有一根可调节的鼻环套，可以和你自己的牵狗绳一起用。*

以用自己喜欢的粉红色珠珠或者黑色饰钉来打扮它。但就训练狗而言，你要使用实用的装备，以保证不会仅仅因为你选用了错误的用品，而无意间让狗排斥训练。

别使用伸缩式的牵狗绳，因为这样会无意间是在奖励狗的拉扯和"追逐"行为。在公园里，可以使用90厘米（3英尺）的标准短绳和9米（30英尺）的长绳来控制狗，直到放开狗绳也是安全的。在漆黑的晚上，夜行反光项圈很好用，可以看清楚狗是否挣脱了绳子。穿在身上的吊带绳最适合于小型狗，尤其是像约克夏㹴犬（参见34页）那类气管脆弱的狗。牵狗绳拴在狗齐

肩处的一个圆环上。在训练任何狗时，像梅酷迪（Mekuti）这样的平衡背带牵狗绳是一种非常棒的选择。像温和狗嘴套（Gentle Leader）这种合身的箍头套带，适合容易兴奋的

*为安全起见，请使用双扣牵狗绳，并将其同时扣在项圈和背带上。*

牵狗绳可以和项圈搭配，长度根据你的需要调节。可伸缩牵狗绳的可控性很小。

狗，也最不容易因为失误而伤害到狗狗的眼睛。

即使你的狗已经植入了芯片（参见69页），还是要确保它有一块铭牌，上面最好刻上你的联系方式。GPS跟踪器很小，可以放在许

多狗的身上，但购买的时候还是要谨慎，记住跟踪器只在有手机信号的区域运行良好。通常你还要缴纳Wi-Fi的月费。广告上说跟踪器还有许多附加好处，诸如用加速度计来监控你的狗的运动量，监控狗的体温，或者通过社交媒体和附近遛狗的其他人联系。选择最好的位置跟踪器，所有其他的附加功能都是第二位的，而体温计这种小玩意儿则是从来都没有准确过。

长绳

轻长绳

训练用长棉绳

成年狗用卡扣式平项圈

狗宝宝用针扣式软项圈

可调节的半环项圈，用力后项圈可收紧

带有狗嘴套、牵狗绳的一体式卡扣项圈

### 选择玩具

玩具的选择取决于狗的体型大小、运动量以及个性喜好。给你的狗提供各种用途的玩具，从中发现它所喜欢的: 有些可以衔着走动, 有些可以装食物（参见87页），

有些可以练习"杀死", 有些用于"宝贝"。避免选择和家里日用品相似的玩具, 以免狗把家用物品当作玩具。

### 分心玩具

狗自己玩耍时, 这种玩具会有奖励性的食品出来。有些球状的玩具,

在狗用嘴或爪子推着走时, 会有食物掉出来。还有些像中空葫芦那样的玩具, 则是让狗啃咬的。其他的分心玩具包括甘马骨和中空球, 会散发出好闻的味道, 可以让狗啃咬, 也可以让狗衔着走。空塑料水瓶很便宜, 随手可得, 可以让狗叼着走, 或作为分心

*中空葫芦玩具*

*布骨头玩具*

*拔河玩具或投掷玩具*

玩具。狗在发现瓶子能装水之前，会一直咬着它在家里到处玩儿。塑料水瓶很容易被撕破，破裂处会很锋利，一定要当心。

*别让狗像生活在玩具店！这只狗玩具太多了，结果就是它会见什么咬什么。*

## 互动玩具

与狗玩耍时用的玩具（参见142—145页），包括系绳玩具葫芦、拔河玩具、飞碟以及网球。狗特别喜欢网球。我的狗在公园玩耍时，专拣被人丢弃的网球。网球很轻，但即使是大嘴巨型犬也不容易吞咽下去。

对你的狗狗而言，与你一起玩玩具很重要，因为如果狗的注意力集中在玩游戏上，例如不断捡球给你，与玩具玩躲猫猫，那么，狗的精力就得到释放，它会身心舒展。如此一来，当你有事外出而把狗独自留在家时，狗也就不会过于焦虑不安。对于年轻、精力好或者未经训练的狗来说，互动玩具也提供了一个社交机会，帮助它们学习举止得体地和他人以及别的动物打交道，避免失礼行为，比如扑跳或者撕咬（参见138—141页）。

保证家里有基本的玩具，而且尽可能和鞋子这类家里的东西都不同。

*软棉绳*

## 软布玩具

可以叼着走的软布玩具，特别适合喜欢衔着东西的猎犬和寻回犬。我们去度假的时候，需要把狗留在家里，但是不管谁度假归来，都会给家里的7只寻回犬买一些软布玩具，诸如小船上的海狸、小怪物等。软布玩具应该选择可用机洗，而且标明适合3岁以下孩童的，尽管这不过是说，这个玩具无毒，并不是说这个玩具不

会被扯坏。软布玩具也不是适合所有的狗。比如㹴犬就想要甩动和"杀死"口里的玩具，并撕毁玩具。对那些挤一挤会响的玩具要特别当心。因为有些㹴犬会很开心地把这些会响的玩具撕碎。

由于雌性荷尔蒙的影响，有些母狗也会热衷于此。要当心小孩子扔掉的玩具，尤其是有塑料眼睛或者纽扣的玩具。玩具需要每个星期轮流玩儿，一次给狗3到4个玩具。但是，如果狗对哪个玩具情有独钟，不要把那个玩具收起来。

*放有狗粮的玩具*

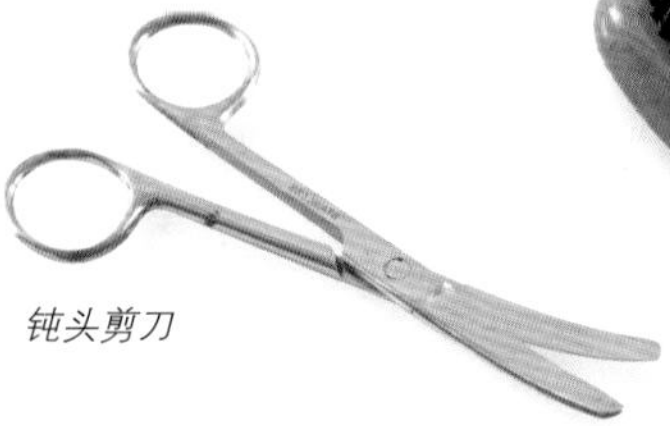

钝头剪刀

双面刷

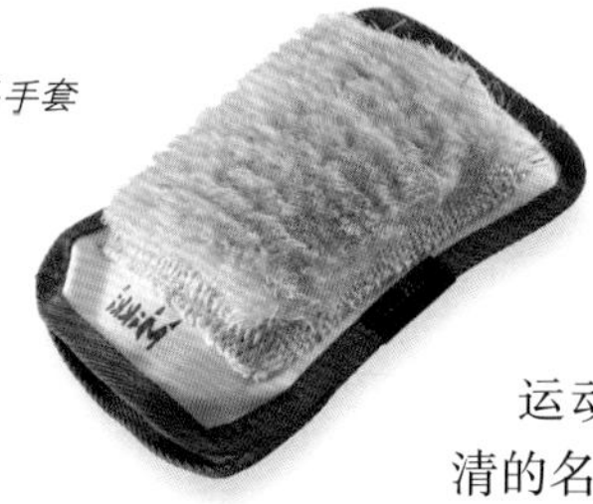

刷毛手套

钢丝刷

橡胶梳子

## 季节性用具和时尚配饰

是啊，市场上有狗眼镜、狗太阳镜、名牌狗运动衫、人造毛狗大衣以及数不清的名牌设计狗用品。这些是为谁设计的呢？你的狗肯定没发言权。你确信你的狗在戴上鹿茸耳朵和太阳镜时会很高兴吗？某些场合，狗用品当然是有用的，比如下雨天为被毛防水性差的狗穿上雨衣，晚上散步或者打猎时穿上容易辨认的反光衣服，冬天时给怕冷的狗穿上大衣，在走过热、过冷或者容易刺伤脚的路面时给狗穿上鞋子，等等。我走在时尚前沿之处在于，我储备了少量薄而保暖性能好的狗背心，上面印着"我病了""我不舒服""宠物医生说，请不要喂我吃东西"。尽情享受帮自己的狗买东西的乐趣，但是记得一定要在显示自己时尚品位的同时，考虑狗的尊严。

## 刷毛用具

即使你的新狗只需要每周刷一次毛，你还是要每天给你的新狗刷一次，让它习惯于你这样做。要在不同的地方给狗刷毛，在家里刷，也在户外刷。

毛发滑顺的狗或者短毛狗，用麂皮刷或者稍软毛刷就可以了。长毛狗则需要用梳子或者钢丝刷来理顺打结的毛发。大多数狗都喜欢橡胶刷或软塑料刷，这两种刷子可以刷去落毛，舒筋活血。

修剪毛发时，一定要用钝头剪刀。如果你的狗毛发厚重，需要好好打理或者需要修剪，最好还是找专业人士。你的宠物诊所应该可以为你推荐一位周边的专业人士。

给被毛稀疏、皮肤薄的狗（比如这只混种狗）穿上衣服，可以增强保护作用。

*帮狗刷毛不单单是照顾狗的皮肤和毛发，而且会让你们之间的关系更紧密。*

备用急救箱。无忧无虑的狗问题很少，有些问题你可以自行解决。

## 带狗度假

狗是旅行的良伴。有些人知道我带着美茜走过很多地方，斯堪的纳维亚的波斯尼亚湾，密西西比州的墨西哥海湾，加拿大的安大略湖区，匈牙利的巴拉顿湖区，蒙大拿州黄石河畔，立陶宛的内卡河边，还有意大利的亚得里亚海以及德国的北海。我们留宿在郊外营地、房车或者大篷车营地。

如果计划带狗出去旅行，即使是短途旅行，现在就让狗为旅途做好准备。让

身份辨识牌

旅行时，带上清水和狗的水碗或水瓶。

狗习惯于待在狗笼里，如果车子空间不够大，那就买一条拴宠物的背带，和车后座的安全带绑在一起（参见106—107页）。你还需要一个垫套，以保持车后座的整洁。当然，还要准备一条大毛巾。

### 晕车

小狗晕车很常见。要是你的狗有这个问题，可以事先做些训练。先让狗跳进车里，给个点心鼓励它，然后再让狗下车。逐步让狗适应待在车上。发动车，然后熄火，给狗点心，奖励它不晕车。接下来，发动车，开出停车位，然后开回来，再给狗点心，奖励狗没有晕车呕吐。

慢慢增加行程长度，直到你确定狗已经没什么问题了。如果你在没有训练狗之前必须旅行，那就在出发前避免给狗吃太多的食物。奇怪的是，有些狗稍吃一点东西会有助于预防晕车。你可以跟宠物医生要一些晕车药，当然，车上要备好毛巾和清洁用品以防万一。

### 和狗一起度假

出门时，你需要带上狗用的大部分物品，狗绳，饭碗和水碗、狗粮和点心，途中喝的一大瓶水，狗床、玩具，狗毛刷或者梳子，毛巾，拣狗便便的垃圾袋，还有疫苗接种证明（露营地可能会要你出示）。

为了安全起见，确保狗的铭牌上有你的手机号码。当然，旅行前要确认你们要去的地方（包括朋友家）是否可以让狗留宿。

### 狗的耐热性

如果你带狗旅行去到另一个气

与狗一起旅行会很愉快，但要调整好车里的装置，以确保旅行中狗的安全和舒适。

候带——比如从北欧到南欧，或者从南欧到北欧，记得狗和你一样都需要适应新的气候。和人相比，狗不容易排除身体里多余的热气，耐热性差。我们人类可以全身流汗，但是狗只有脚掌会流汗。它们只能通过喘气来散热，非常费力。在阳光直射下，在车窗紧闭、没有冷气的车里，几分钟内，狗就会中暑。这种情况在夏天很常见，但是我也见过冬天阳光灿烂时在密封汽车里中暑的狗。如果阳光强烈，千万不要把狗单独留在车里，即使让车窗半开着也不行。当你必须心无旁骛地去做事时，一定要找个人帮你照看狗。

# 带狗出门

## 狗家政服务

### 现在列出服务提供者

最初时，当然是你和你的家里人对新狗的所有行为负责。但有些问题在领养之初，你就应该有所考虑。如果你的生活方式需要帮你遛狗的人、有关日间托管中心、狗保姆或者狗寄宿服务，最好咨询宠物诊所的人，请他们给些建议。和提供狗家政服务的人面谈，确认他们的资质并和使用他们服务的人交谈。

*低下身来，这会鼓励狗第一次户外活动时和你一起玩耍。*

当流行病学专家发现，养狗的人比不养狗的人血压更为正常，血液中的甘油三酯指数更低时，他们认为这确实是养狗带来的效果。这个结论太武断。进一步的研究发现，只有自己带狗散步的养狗人士才能在健康上获益。遛狗有益身体健康。你应该尽早带狗出去遛遛，就算还没完全训练好也没关系。

### 户外安全、监护和社交

带狗出门之前，有一些小的注意事项。确认狗身上有两个身份证明，一个是挂在脖子上的铭牌，还有一个是皮下植入的芯片(参见69页)。狗想出门是因为外面的世界很精彩。你想带狗出门是因为你知道，狗在早年经历得越多，对世界的看法越好，以后生活中遇到不如意事之后，狗的反应就越能处之泰然。带狗走遍各种地面，不仅是走草地、碎石地和石板小路，而且要带狗走闪闪发亮的大理石地面。带狗到各种户外的楼梯、台阶上走，带狗看公园大门，看公园里

*狗狗是天生防水的，但不是每一只狗都喜欢被弄湿。确保你的狗第一次户外活动时，感到兴奋，而不是畏惧。*

骑车或遛滑板的游人，看推婴儿车的人、拉着旅行箱的人，还有路过的慢跑者。开车带狗去加油站和洗车店。带狗坐公共交通工具，让狗适应户外的嘈杂声，各种气味，以及一处建筑工地的隆隆响声。有些人会对狗不太友好，但是大多数人看到小狗都会弯下身来跟狗打招呼。他们对狗会很温柔，很有爱心。即使是男人也是如此。这些都是狗狗宝贵的经历。带上狗点心，让那些从来没有跟你说过话的陌生人喂狗吃点心。

## 在户外管好你的新狗

带狗出门体验生活很开心，但别太得意忘形，只顾着和你遇见的朋友聊天。是，你的狗棒极了。是，你的狗可爱至极，但你要留意它。在安全方面，你现在只用了一根短的狗绳，而没有用长的（参见 106—107页）。牵狗的训练也还没开始（参见136—137页），但遇见别的狗的时候，松松地牵着狗，别让自己狗的绳子与其他狗的绳子缠绕在一起。

户外活动对狗来说精彩至极，对你来说则是个挑战。你要训练狗别往人身上扑（参见138—139页）。无论看到的是城里的松鼠还是乡下的兔子或者牲畜，狗的直接反应就是追捕。这是狗另一个需要你调教的行为（参见142—145页）。自信的狗出门时兴高采烈，但那些不太自信的狗，尤其是那些小时候没怎么和别的狗打过交道的狗，走出家这个安全的地方时可能会很害怕。

## 外面可能很可怕

无论是咆哮不止的大狗，还是温和的大狗，都容易惊吓到小狗；就连突然沙沙作响的树叶也会吓到没有安全感的小狗。吓坏了的小狗会想逃走，会怕得把尾巴夹起来，耳朵往后，瑟瑟发抖，藏到你身后，或者会防卫性地狂叫、咆哮或者撕咬。别像个妈妈似地保护它，抱它，对它说安抚性的话。你这么做，只会强化它受到惊吓时的行为。也不要试着把小狗拽到让它害怕的狗或东西前。相反地，你可以表现夸张一些。用怪腔怪调、玩具、狗点心或者玩游戏来吸引小狗的注意力，让小狗只记得到外面的好处。

*用安全、不勒紧的绳子牵住你的新狗，直到它经过训练后可以听远距离的口令。*

---

### 老布贴士：交换

不管小狗的嘴里有什么，哪怕是别的狗的粑粑，你也要镇定。别追着狗跑，也别尖叫。不然的话，狗会觉得你在跟它玩游戏，而王牌在它那儿——它可以快速把口里的东西吞咽下去。在手里拿点儿狗喜欢的东西，比如一块鲜肉、鱼子酱什么的，然后跟狗玩"交换"游戏。你可以事先在自己口袋里放一个捏了会发声音的玩具。

如果这样还不足以让小狗安静下来，就把小狗带离现场，直到它安静下来。然后，再用点心、游戏和活动吸引它，重新建立它的自信。要是可能，并且也做得到的话，慢慢靠近让小狗害怕的事物，当小狗表现得更放松时，就表扬它，给它奖励，但是如果小狗害怕的话，就什么也别给它。

## "交换游戏"训练

直到你自己养狗之后，你才会真正了解马路上和公园里到底有多少危险的东西。"交换游戏"是训练的一项重要内容，用来让狗把某些好玩、有趣（例如鸡骨头、小动物尸体、用过的注射器）但有潜在危险性、可能会被啃咬或者吞进肚子里的东西交给你。在室内和室外

有规律地进行"跟你换"的游戏，慢慢地让小狗熟悉这些流程：

**1**．把啃咬玩具给小狗，但是里面不要放食物。

**2**．给小狗肝点心，在小狗扔掉空的啃咬玩具时，说"扔掉"。

**3**．每天多次、每次多遍训练这个游戏。当狗逐渐熟悉以后，慢慢把交换的玩具换成狗更难以扔掉的东西，比如在啃咬玩具中塞一颗饼干，让狗扔掉交换更美味的肝点心。

**4**．小狗一旦被训练好了，愿意跟你交换之后，慢慢地把跟它交换的东西变成你不想让它吃的东西，诸如公园里的枝条或街上的垃圾等。

全家每个人都要参与这个游戏训练，包括负责带狗的孩子，这样狗会跟任何一个人做交换。如果你自己没有孩子的话，出去租借些孩子回来——提醒一下，前提是如果你有一只新的成年狗。有些

随时准备好分散狗注意力的点心。这样当狗拿了什么你不想让它拿的东西时，你就可以跟它交换。

### 老布问答

**狗可以啃咬树枝吗？**

正确的答案是不可以。树枝可是宠物医生的"收入保障"。树枝会划破狗的喉咙，导致炎症，甚至需要特别复杂的手术。树枝末梢会被吞进肚子里，引起疼痛或者需要手术从肠胃里取出来。不太危险的树枝会粘到口腔上部，让狗不舒服，如果不及时取出，会引起发炎。应该给狗中空的啃咬玩具。这是我作为一位宠物医生的回答。但是作为狗主人，我会让自己的狗啃咬树枝。我的金毛犬们最激动的事就是找到一根粗树枝，然后头尾都翘得高高的，炫耀一番。它们头翘得高到要把脖子折断的时候，就会低下头来，啃咬树枝。我让它们这么做，是在我的监控之下，就像我也让它们啃骨头一样。有人会不赞成这么做，但是生命、生活的方方面面都是有各种危险的。我发现，我让狗这么做的价值，对于狗（和我）而言，都超过了所要承担的风险。

成年狗对自己的东西很有保护欲。在你自己确认狗不会咬人之前，不管是自己的孩子还是借来的孩子，都先别让他们参与训练。

### 参加小狗训练课

我觉得，没什么比花时间和金钱参加每周的小狗训练课更好的投资了。这些课程通常是为16周以下的小狗准备的，就算只是看看那些新狗主人和那些调皮捣蛋的小狗就很值得了。

小狗训练课，也被称为小狗聚会或者幼狗园，如果训练课进行得不好，那简直是灾难，但是进行得好的话，你的小狗会在可控的环境中见到别的狗和不认识的人。实际

*传递小狗游戏可以让小狗熟悉陌生人。*

发生的情况是，你正被训练怎么训练你的狗。要选择一个得到犬类训练协会（参见191页）认可的会员所开设的小狗聚会。

## 做个好邻居

在带新狗出去户外活动之前，先要熟悉社区公约和居民守则，且要严格遵守。如果你觉得社区公约毫无理由地对狗不友好（很多社区都是的），可以利用有效的游说及法律来进行反对。反对狗的游说者经常发声，行动也很积极。有责任的狗主人常常对此不予理睬，直到他们发现要牺牲掉自己的自由。别忘了，养狗是最受欢迎的休闲运动之一。如果你和狗在社区的活动受到限制，会有很多其他的狗主人与你一起呼吁。最重要的是，总要随身带着垃圾袋，在狗狗大便之后一定要及时清理。要是忘了带塑料袋，身边有纸也可以。大多数"反狗"人士并不是不喜欢狗，而是不喜欢

*一只举止得当的狗在面对陌生人时冷静而有自制力，即使对方手里有玩具也不为所动。这种狗是代表所有狗的狗大使。*

狗便便。别让你的狗引发骚乱。清理了狗便便，别人就不会不高兴，问题也就解决了。

## 户外一团糟

你的新狗毛越多，在户外就越是会搞得一团乱。狗需要自己的浴巾，用来擦去雨雪。用水碗冲洗狗脚上的脏水、泥巴以及粘上的化冰用的盐。如果狗在狐狸便便上打滚（对很多狗而言，那可是好闻的香水），不光是要擦去粘上的东西，还要用洗发剂洗毛发并用清水冲洗干净。狗接触到狐狸待过的地方，如果不弄干净，很容易生疥疮。

## 独自待在花园

如果你很幸运地有个花园，即使不是现在，但总有一天，你会把狗单独留在花园里，给它留下玩具、水，准备好遮阳的休息处。豆豆和梅子晚上就是在花园里度过的，它们会四脚朝天地躺在地上，倾听鸟

鸣，关注四周，做它们惯常做的事。但是我知道它们也在留意是否有异常举动，要是栅栏外有什么动静，它们也会过去做番调查。第一次把狗单独留在花园之前，你需要检查花园四周的安全情况，以免狗跳出去或钻出去。你要清理所有可吃的东西，也包括不能让它吃的东西，例如花园和泳池用到的各种化学产品。

## 设定活动范围

### 无线栅栏

用无线栅栏来训练你的狗，让它在听到自己脖子上所带的无线项圈发出的警告声后，就不要再往前走了，否则项圈会发出电击。如果狗在雨天身上有水的话，电击还是很可怕的。"不可见的"栅栏无法保护狗免遭其他从外面来的动物的攻击，无法防范偷狗贼，而且真有危险来临要逃离时，会遭受电击之苦。真实的栅栏更为人道，也更为有效。

# 第三章
# 简易服从训练

# 鼓励良好的举止

你的新狗已经进家。你为狗提供了自己的空间，你正有效地用食物和啃咬玩具训练它。你的家人也很了不起，在玩耍和大小便训练上，每个人的表现都是一致的。但愿如此！基本训练是有逻辑而又简单的，但是家庭生活显然不是这样。你或者家里的任何人都很容易把事情搞砸，不自觉地训练狗做你不想要它做的事。这种情况太多了，但是如果你能了解训犬的基础知识，你就可以减少并纠正错误。

## 狗一生都在学习

狗的行为是由经验塑造的，狗经验到了它喜欢的经历，就会强化某种特定的行为。终其一生，狗都是通过主动或是被动的经验来学习的。

被动经验时时都有，每天都在发生。你的新狗总是从中学习，你通过控制狗的生活环境来控制狗的这些被动经验。不要破坏规矩：当无人在监视你的新狗的时候，继续把狗关在围栏里。

主动经验是指你每天特别留出时间来对狗做简单的服从训练。你不仅要教狗过来、坐和待着，或者带上牵狗绳和主人一起行走，而且要奖励狗不要往人身上扑，也不要随便舔人或啃家具。

## 强化好的而非坏的行为

狗喜欢的任何东西都可以作为"强化物"。某些强化行为的东西，尤其是好吃的零食点心，会比其他一些形式的强化物，比如友善的词语和关注更有用。食物、玩具，与狗喜欢的人在一起，抚摸，运用不同的声调或专用词，使用不同的脸部表情，或者允许狗到户外——所有这些都是日常活动强化物。还有另外一种容易被忘记的有效的行为强化物，就是远离不喜欢的东西。比如，你的狗看见有人玩滑雪板而感到害怕，它就躲开了，躲开以后它就安心了。这就强化了它躲避的行为。

训练狗的时候，用有效的积极强化物，特别是食物和玩具，同时伴以

*要知道，就体型而言，你比狗要大很多。站在狗身前的你，从狗眼的角度看，就是对它的一种威胁。*

*"老派"训犬师用惩罚来训练狗。聪明的训犬师则用奖励。对于很多狗来说，最大的奖励就是一颗肝点心。*

也许被一只小狗宝宝舔舔脸颊是挺有趣的事儿，但这只狗也在不知不觉中被训练得会跳向人的脸颊。

稍弱一些的强化物，例如你的抚摸和声音。最终，一旦狗稳固地学会这种行为，你就可以只用声音来训导它了。

始终要警惕消极强化物。我们不经意间总是强化一些我们后来会后悔的东西。行为不是铁板一块。行为可以被改变，但训练一种新行为，总比改变旧行为并重新用新行为去替代更容易。

### 温暖关系至关重要

对狗进行开心、有效和成功的训练，其核心是你和新狗之间的信任关系。如果你们之间的关系是正面的，训练就像1—2—3那样简单而合逻辑；如果你将恼怒和不满发泄在狗身上，用训诫和惩罚来训练，那你得到的就是狗因为惧怕而服从，而不是

因为想取悦你。

你的狗应该不仅是信任你的靠近、你的手和你的抚摸，它应该积极地期待所有这些东西。

现在你和新狗正处在建立关系的最初阶段。如果是只成年狗，它可能还不能确定你有多好，需要一些时间忘记和之前主人的糟糕关系。这一

## 厌恶训练法

做一个消极的训犬者很容易，告诉狗不要做什么，而不是告诉狗你希望它做什么。然后，当狗不明白状况的时候，你就会很生气，会惩罚狗。网上、甚至一些宠物店充斥着各种帮你训练狗的用品，例如电击棍或犬嘴套等，宣称保证你可以快速训练狗。对消极训犬师来说，这些是高科技的训练用品。但他们处理的是问题的后果，并非处理狗的行为问题本身。当狗做了你不想让它做的事情时，这些用品帮你在身体和精神上对狗进行了惩罚，有可能会让问题变得更糟糕。

相反，最好能找出狗的行为的原因。例如，搞清楚为什么你叫狗的时候它不回来？它发现了什么比你更吸引它的东西？像拍手和水枪这些温和的厌恶训练法都是很有用的简单手段，可以打断狗对吸引它的东西的注意力，让你有几秒钟的空隙，告诉狗你想让它做什么。当你使用这些温和的厌恶训练法时，你要明白，狗并不能理解"纠正"的要求是来自你的。你是在让狗惊讶，而不是在惩罚它。一个好的训犬者可以演示给你看，怎样有效地利用拍手或水枪。

*用力拍手，让狗分心。*

点对领养的狗特别重要。不要与狗对抗，不要对牛弹琴，对你的狗胡言乱语。永远别强迫你的狗用专注的眼神与你交流。不要恐吓狗，这不得要领，是在做无用功。如果你情绪不好，就暂停训练。别把情绪发泄在狗身上。

### 理解狗的肢体语言

训练狗的时候，如果你误读狗的肢体语言，会很容易犯错。大多数人可以辨认明显的信号，这些信号意味着害怕、担心和服从：绝望的眼神和耷拉的耳朵，卷起的尾巴，翻转过来袒露肚皮，服从性撒尿。

但是有些不太明显的信号，例如气喘、打哈欠或者只是简单的转开眼神，也同样需要关注。即便是摇尾巴，在某些时候代表快乐，但在另一些时候则表示担忧和恐惧。在训练过程中，如果你的狗有这些表现，说明它有压力，你就要停下来，让它做些别的事情。压力会影响训练。找出训练中导致压力的因素或情况，尽量避免或者不要重复引起紧张的事情。

*对这个小狗来说，抚摸就是最好的奖赏。把狗抱起来也会加强你的权威。*

### 老布贴士：训练时机

狗狗们不是生来就能坐下来数爪子。它们需要刺激，它们喜欢挑战。你的新狗是块未经涂抹的画布，等着你在上面工作。鼓励它，它会喜欢那些短时的、经常性的训练课。

随时发现机会进行训练。例如，把坐等开饭作为训练项目。对其他可以进行训练的时机也要敏锐。在那些你可以控制的、安静的地方开始训练，比如，少有人打扰的走廊。

训练一定要切实可行。让我再重复一遍：切实可行。你是在训练一只狗——一个会动、友善、可训导的物种，但它不是人类。

让你的宠物医生给你看看狗头部的核磁共振成像（MRI）。你可以看见很多保护性的头盖骨，蜂窝状分布着缓解冲力的气窦。大脑呢？当你看见大脑的大小，你就会理解为什么有些人告诉我，他们的狗是傻瓜。

## 总是使用合适的奖励

找出你的狗最喜欢的奖励，但是别随随便便地给它。每次要它做点什么来获取奖励。

对狗来说，食物虽然通常是最有效的奖励，但也并非总是如此。在手中保持不同等级的美味品，这样你就有一堆的奖励品可用，根据对狗训练的难易程度挑选不同的奖励。冻干的肝点心通常最受欢迎，而小罐奶酪、新鲜或冻干鸡肉、羊肉或牛肉，也很有吸引力。

对不热衷食物的狗来说，一个网球或是一个会吱吱叫的玩具就是极好的奖励。对某些狗而言，拔河游戏是极高的奖赏。但是也别高估了你的奖品的影响力，因为很少有狗仅仅满足于你给的那些东西，它们需要更高层次的奖励。食物和玩具只是起点。

*左手放在项圈上有助于保持狗的姿势稳定，右手用零食引导狗狗就位。*

## 简易训练用品

你肯定已经有了一些做简易训练的用品（参见108—109页），但每次浏览网络或宠物店，你就会发现更诱惑你的、号称能即刻成功的训练用品。然而请记住，在狗狗训练上没有即刻成功这回事！这样的训狗用品多数都是用痛苦或恐惧去控制狗的。没有一个是我们需要的。

在一些极端情况下（通常是生或死的选择），也许会用到一些这样的工具，但必须是有经验的训犬师才能用，他们知道什么时候和怎样使用这些用品。

你需要投资的一个简易用品就是一根长绳。简简单单的一根10米（33英尺）长的尼龙绳，一头有个触发式的环扣，另一头有个大大的结，以防止狗从你的脚下跑开。把长绳套在狗的项圈上，这样你可以带着它绕开家具，让它在楼梯上停下，或在门口听命，直到它能乖乖地听到呼唤就来，或者静静地等候命令。

# 获取帮助

我们人类在很多时候行为并不一致。我们的决策者规定我们一定要学过驾驶才能开车上路，可是他们却让我们没有学习怎样教养孩子就开始养育孩子了。你知道这将造成多大麻烦吗？如果我统治世界，一定要强制那些即将为人父母的人参加教养小孩的课程，也要强制那些即将做"狗父母"的人参加教养狗培训班。希望你可以尽最大可能地利用这本书以及你以前的经验，并大大方方地寻求帮助。即便只是和一位有条理、有效率的训犬师在一起一个小时，也有可能创造奇迹。

## 老布问答

**应该把狗送出去训练吗？**

基本不需要。标准的服从性训练完全没必要。如果你把狗送走了，它回来时只对专业训犬师服从，而不是对你服从。

有时候可以送狗去参加特训，例如，训练把枪取回来。对于将作为聋人助听犬的狗，专业训犬师会把狗训练成聋人的耳朵，然后狗的新主人会被邀请到训练中心生活一周，期间狗的训练忠诚对象就转移到新主人身上。

**我的遛狗师说要帮我训练狗。我应该接受她的提议吗？**

核查一下溜狗师的培训资质。如果她是个合格的训犬师，采用积极强化的方式，也愿意带着你一起，让狗同时和你俩互动，你就可以让他试试。这是挺不错的提议，要注意必须是一对一的训练。

如果遛狗师同时还带着其他的狗，那么要训练你的狗就绝对不现实。

## 三边关系

任何形式对狗的训练都是为了加强你的新狗与你的家庭之间的关系。重要的副产品之一，就是你家的邻居也得益，因为你有一只听话而可靠的狗，他们当它是宝贝而不是恶魔。

任何好的训犬师都会和你的狗建立一种能够迅速互动的关系。表面上是训犬师和狗的关系，事实上最终是你和狗的关系。你们俩一定要协调配合。

如果你有一只新的成年狗，你可以从进行服从训练的教练的建议，或者有时也从行为咨询师的意见中获益（参见下一页）。如果经济许可，进行一对一的训练也不错。你可以很快发现潜在的问题，并制定针对性的改善计划，然后你就可以参加本地狗狗俱乐部举办的更便宜、但同样有效的大班训练课。

服从训练适合在现实生活中和其他狗一起进行。如果你有只新的

*和别的狗一起参加训练，有益于增加狗对你的注意力。*

小狗，我的建议就是参加一个6—8周长、每周1次的小狗训练课。

## 小狗训练班

一个以家庭为导向的小狗训练班（或者叫小狗玩耍学校，小狗聚会，小狗幼儿园）是值得去看一看的，哪怕只是为了见识一下其娱乐价值。它们非常好玩，有趣，对你的小狗来说，冒险参加任何一个都有极好的价值。小狗训练班创造了一个社交环境，让你的小狗有机会在一个无拘无束的轻松环境里发展它的社交能力——不仅仅是和狗，而且是和各种年龄的人。你会惊叹小狗学习的速度。害羞和胆小的小狗变得自信；差点要成为暴力分子的小狗学会了声音柔和，举止优雅。最好的训练课能够平衡社交和服从训练，让小狗和陪伴它的人一起学习怎样倾听，学习怎样消除干扰，学习基本的等待、过来、坐、趴下等行为口令。你可以得到一些小技巧，诸如了解问题怎样出现的，如何去解决问题。

*这个吱吱叫的玩具一下就抓住了狗的注意力。*

### 小狗训练班和教练的选择

很不幸，没什么标准告诉小狗训练班的教练，他们该怎样把狗训练成举止优雅的宠物。任何人都可以创建一个吸引人的网站，租个合适的场地，并声称自己是个训犬师。每只狗都需要量身定做地进行服从训练。

对待缺乏安全感的狗要温柔，对待更自信、甚至粗野的狗，要有坚强的意志和毅力。

先决定你自己的情况是选择大班还是私教，然后请宠物医生或育犬协会推荐好的训犬师。要挑选隶属于一个机构的训犬师，训犬师所属的机构采用正向强化训练方式，并有职场道德标准和规范的投诉流程。

### 好的和不好的小狗训练班

小狗喜欢参加好的训练班，这些训练班会用玩具和奖品教小狗学习和安静，卸掉项圈让你的狗和别的狗一起玩儿。卓有成效的训犬师对自己的方法很自信，同时可以明显看到小狗迅速地进步。

不好的小狗训练班教你用恐惧或痛苦来训练狗，比如拉紧狗的项圈，摇晃你的狗，告诉它你才是老大，或者用"阿尔法侧翻"这种残暴的手段。谢天谢地，现在只有从地狱来的训犬师才使用这种手段。

### 委托训练前先观察

不管是为新的小狗或是新的成年狗寻找训犬师，听听你的宠物医生或者其他狗主人的建议，签合同前去拜访被推荐的训练班，并了解他们对这些问题的回答：

· 训犬师有认证并有商业保险吗？
· 训犬师是真心喜欢狗吗？
· 是用正向强化方式而不是用恐吓和惩罚的方式教学吗？

· 这个训练班看上去开心吗？狗狗们可控吗？
· 有足够的训犬师吗？
· 给出的建议和指导清楚吗？有没有可在家里遵行的书面指导？
· 训犬师有没有可以针对不同个性的狗的训练方式？
· 训犬师有没有提到犬业协会的"犬类良民测试"，并建议你的狗努力一下？

所有的回答都必须是肯定的。可靠的训犬师不会将特定品种的狗或混种狗描述为不可训练或有攻击性。如果训犬师不想训练特定品种的狗，他们应该告诉你另一个可以帮你的训练班。

和别的客户交流；警惕不切实际的承诺。觉得不合适就不要签合同。如果你不喜欢这个班的教学方式，就找别的俱乐部或训犬师。

## 训犬师如何训狗？

1 在有成效的训练课上，狗和训犬师都非常享受他们的活动。这个训犬师正在教狗"抓住"，吸引了狗全部的注意力：狗想要取悦训犬师。

2 学习过程中，训犬师一点也不逼迫狗。如果狗表现良好，训犬师的肢体语言就展示积极和放松的姿态。

## 响片训练课

有很多训练课会教你怎样使用"响片"（clickers）来训练狗。响片是一种简单的工具，在挤压的时候会发出声音。响片的声音就是一个"记号"。对你的狗来说，开始的时候响片的声音没有任何意义，但很快它就会和奖励，例如食物或者玩具，产生关联。训练狗的时候，响片是超级好用的方法，但控制使用的时机极其重要。所以你应该有一个训犬师教你怎么用，而不是仅仅依赖网络视频或是我书上的这几页纸。

*使用响片的时机至关重要。*

*确保你的训犬师隶属于一个公认的训犬机构。*

## 大班课还是私教课？

大班的好处是，你和你的狗可以看别人怎么做，进而明白，你所认为属于你的独特问题，不过是大家都有的几个问题中的一个而已。如果你刚开始养狗并有一大堆的问题要解答，找个一对一的训犬师会很有用。但你和狗参加大班培训仍然是有好处的。如果狗出现行为问题，那么当问题发生时，大多数的这些行为问题应该通过私教课处理。类似地，如果你刚收养了一只成年狗，那么私教课是有效地发现问题并解决问题的好方法。当然，这通常也能通过大班训练来实现。

## 老布贴士：训犬师和专业机构

### 训犬师怎样称呼他们自己
为狗狗提供帮助的人士和机构有多种形式。确保你得到的是你需要的帮助。有些人擅长高级的服从训练，但不善于解决行为问题；有些人则相反。
**训犬师**帮助你去训练你的狗听你的话并服从你的指令。当然，他们也训练狗。
**狗狗服从训练教练**也是训犬师，只是名字稍有不同而已，他们很可能精于初级和高级的"服从"训练，比如训练那些用来参加服从竞赛的。
**犬类行为专家、犬类心理专家**是具备了高级训练技能或经验丰富的训犬师，他

们有特殊技巧帮助纠正犬类的行为问题。

### 怎样认证训犬师
确保训犬师隶属于一个专业团体。
**犬业协会（The Kennel Club）**网站上可以查询认证训犬师和服从训练教练的名单。
www.thekennelclub.org.uk/training/kcai/listof-accredited-instructors
**动物行为与训练委员会（ABTC）**会设定成为训犬师、服从训练教练或犬类行为专家的标准。这些组织隶属于ABTC。

www.abtcouncil.org.uk
**宠物犬训犬师协会（APDT）**为狗提供大班训练课和一对一训练课。
www.apdt.co.uk
**应用宠物行为学家和咨询师协会（CAPBT）**接受那些通过执业兽医推荐来训练的狗狗。www.capbt.org
**宠物行为咨询师协会（APBC）**也接受那些通过执业兽医所推荐的狗狗。
www.apbc.org.uk
**犬类行为与训练协会（CBTS）**提供上门服务，帮助有问题的狗狗。
www.tcbts.co.uk

# 吸引狗的注意力

新鲜的小块鸡肉可作为食物奖赏。

每天早上我在公园遛狗，可以听到小鸟的唧喳声，以及远处"托尔斯泰"的凄楚叫声。托尔斯泰是只西伯利亚哈士奇犬。每天，它的主人用她自己特别有效的方式来让狗将注意力转离她。托尔斯泰已经被训练得对自己的名字听而不闻，名字对它意味着应该继续用鼻子去嗅别的狗的屁股。这种训练很容易出错；一直错下去更容易。你要确保你是狗生命中的那个主导者才行。

### 怎样使用狗的名字

我向你保证，生活中的声色和气味比你本人更有趣、更神秘。你的新狗想要立刻探索它们，才不管自己正在做什么。你是在与狗的新生活里的种种激动和兴奋争夺它的注意力。

你已经为狗取了一个清脆、简短而又易于区别的名字，但是请你只在需要狗专注的时候使用这个名字。在简易服从训练中，你用这个名字去吸引狗的注意力并伴以命令语词，例如，"托尔斯泰，坐。"与之相伴的

奖励口令就是"坐得好"。

### 你的声音和肢体语言

狗听到你叫它名字的时候，应该很兴奋。这个名字只和娱乐、游戏和奖励有关。绝对不要叫它的名字后

### 老布贴士：注意力

你的小狗的名字只应该用来吸引它的注意力。你要知道它最看重的东西是什么，食物，玩具，还是游戏？这样就可以有多种奖励供选择。当狗受到干扰的时候，你就可以增加手中奖品的价值。在训练过程中，只用那种可以很快咀嚼和吞咽的小片食物作为奖励。

你练习得越多，你们彼此就更加信赖。每天多次进行基本服从训练，最好15—20次，每次1分钟。让为你做事成为狗的日常生活的一部分。要在喂食之前训练狗。

当表扬狗的专注时，只用肯定语气、微笑和奖品来奖励你的狗，表扬它的专注。你可能也想用爱抚和拥抱来奖励狗，但这种方式在练习类似"坐"这样的动作口令时，会让狗在训练结束前就起身。

## 训练狗专注

**1** 老式训犬师用惩罚来训练狗。启发式训犬师则用奖励来训练狗。这只狗一开始就被训练成对食物奖励有反应。

**2** 利用奖励，狗被"诱导"去做你希望它做的动作。同时，给予口头命令。用食物和口头表扬进行奖励。

惩罚它，也不要在你不能重复强化训练的时候叫它名字。如果狗意识到它回不回应你都可以，就像托尔斯泰对它的主人那样，那你就麻烦了，你会发现以后狗对什么都无动于衷。

在和新狗最初相处的日子里，只有当你觉得你能够吸引狗的注意力的时候，才试着让它注意你。狗会回应欢快的声音、微笑和不具威胁的肢体语言；在没有分散注意力的时候，狗喜欢被人摸摸毛、搔搔痒。

例如，当你要喊狗"来"的时候，蹲下身到和它同等的高度，张开手臂，热情地说，"托尔斯泰，来！"通常女人比男人觉得做这些动作更容易些。不过，小伙子们，试试吧！这个方法不仅有效而且好玩，旁观的女人也会下意识地把你看成超有潜力的好父亲。千万不要表现得像个霸道的男人，因为低沉、粗糙的嗓音本身就是一种威胁，赫然耸立会让你的狗感到害怕，用力抓着狗会触发它的恐惧心理。

### 利用日常活动

狗很快就学会将自己的名字和它所经历的美好感受联系起来，比如玩具、食物、奖励、拥抱或者游戏。利用这些高光时刻强化你的优势。在训练阶段，在干扰最少的地方最容易吸引狗的注意力。在你家最安静、光线弱的地方开始第一阶段的训练。通常就是在走廊上。一旦你能在那里轻易地吸引狗的注意力，训练就可以升级到有多些干扰的地方。首先在一个安静的更大房间；然后到有更多活动的房间；再到后院；最后带狗到热闹的公共场合。

**3** 狗会用鼻子追逐它的奖品，当它趴下的时候，发出"趴下"的口令。当它完成这个动作时，给予奖品和表扬。

**4** 这只狗在学习如何在宽松的牵引下在主人身边优雅地走路。主人用食物诱导它到正确的位置。狗的头和肩膀靠近主人的左腿。当狗开始走在主人前面时，主人就停下来。

# 唤狗过来

## 抗拒干扰

一旦狗能根据口令跑向你，你就可以训练它抵抗干扰了。和一个安静的、不打手势的助手配合，让狗看见助手手里吸引的东西——玩具或者奖品，而你则是两手空空。让手里拿着东西的助手走几步，小狗会自然地跟上去。

现在你开始叫狗过来，同时让助手转身离开并对狗视而不见。如果需要的话，拽一下拴狗绳，让小狗转向你。

训练你的狗听到命令就过来是一种救命方法，是狗要学习的最重要的服从命令之一。这个命令是否可靠的基础在于你和狗的关系。在对新狗进行召回训练的时候，要用最有力的强化物：给狗好吃的食物，奖励狗最好玩儿的玩具，结束训练以后给狗拥抱、梳毛，和狗一起玩儿有趣的游戏。

### 表示邀请

你要让狗知道，听到命令就过来是一件值得做的事情，比做世界上任何事情都值得。你要让狗知道，和你待在一起比离开你好。所以，你的奖励要有吸引力，而且要在狗饿的时候进行训练。狗其实不知道"来"（come）是什么意思，所以在狗没有跑向你的时候不要开口说"来"。伴着它跑向你的动作才说出这个口令，表情夸张一点，让它非常乐意投奔你，而不是待在原地。

### 利用长绳或家用绳

所谓长绳就是一根轻巧的项圈牵引绳，大约10米（33英尺）长，

# 训练你的狗过来

**1** 对大多数狗来说，丰富的户外活动非常刺激，满是分散注意力的东西，有些还有点儿危险。为了狗的安全，一个至关重要的口令就是"来"。让一个朋友牵着你的狗，让狗看着你走开。

**2** 当你坐在地上，高度和狗处在同一水平线，手中拿着奖品或玩具时，你的狗就特别愿意跑向你。手里拿着奖品，这位训犬师生动地鼓励着狗奔向她，而当狗真的跑过来的时候，口里发出"来"的命令。

一端有一个大的结（参见121页）。在户外活动时，绳子可以用来辅助进行唤回训练。家用绳比长绳稍短些，没有结套，用于在室内拴住狗。例如，只要踩着家用绳的一头，你就能控制狗了。这两种绳具在宠物店或兽医那里很容易买到，或者也可以用轻巧的尼龙绳或灯芯绒绳自己做一根牵引绳。

不管用什么方式训练狗，记住要温和地强化训练命令，不要有粗暴动作。用长绳训练，可以确保你在训练时始终占主导地位。

## 这可不是钓鱼绳

别把你的狗绕得像只钓鱼竿上挣扎的鱼。让狗感到奔向你是件积极开心的事。长绳只是为了不让狗跑开。使用长绳是让你可以充满自信，不管绳子被拉多长，你都可以通过表扬和奖励让狗听到命令就回来。除非情况危急，否则不要走过去抓它。它不回来也不要责备，可以试试换一种奖励方式。不管你多恼怒，都要用游戏和娱乐来结束训练，这样狗就会对下一个2分钟的小训练充满期待。

### "结束口令"

狗需要学会一个特别的词代表口令结束了。我用"OK"作为我的狗的结束口令；不过用狗不常听到的词，比如"结束"（free），可能更好些。

**3** 保证狗的项圈上拴一根轻巧的长绳。开始的时候，你拿着长绳的一端，这样狗就不会游荡得太远。逐渐缩短绳子长度，然后发展到当你在自由活动区域遛狗时，不再使用长绳。

**4** 一旦在安静的场合你的狗能够很好地听到命令后跑向你，就可以带它到有干扰的地方训练。开始是小小的干扰，比如训练时有其他人在场，然后再训练它和其他的狗在一起。

# 等下和别动

　　"等下"（wait）和"别动"（stay）这两个口令有细微的差别。"等下"是指"停在原来的位置"。在你带狗行进，穿过门廊或过马路，以及你发现了危险但狗未察觉的时候，使用"等下"这个口令。你的狗学会停下，不管原来它在干什么、在哪里或者什么姿势。"别动"更多是你和狗的约定；你只是走开一会儿，马上就回来。"别动"训练类似于训练坐、趴和站（参见134—135页），需要良好的重复性强化训练，因为在听到结束的命令前，你的狗要一直等在那儿。

（参见134—135页）

## 老布贴士："等下"训练

　　从短暂而频繁的训练开始，每天重复15—20次，但每次只有几秒钟。不要急于求成。逐渐减少训练的频率，但是增加等待的时间。3周后，你的狗就可以学会等待整整1分钟。无论它是站着还是趴着都不重要，重要的是四肢要着地。

## 教你的狗等待

**1** "等下"就是"停下你正在做的事情"。当狗主人靠近马路边的时候，他在狗的项圈上施加轻微的压力。

**2** 在马路边，吸引狗的注意力后，主人用手在狗面前示意，让它等待，同时嘴里发出"等下"的口令。

**3** 狗主人用右手对狗保持"等下"的手势，牵绳子的左手则不再给绳子任何压力。他左手的姿势和牵狗走路时一样。

## 训练"等下"

　　大多数训练都是教你的狗待在你身边，听到召唤就跑向你。"等下"则是和"别动"不同的命令，要求你的狗不管是不是和你在一起，都要等待。

　　"等下"比较简单，但可以是救命的口令。过马路的时候，你的狗不会冲向危险；打开车门的时候，这个口令可以减缓它下车的速度，以免它被车撞到。在公园里，每次你解开狗绳时，都训练狗等待。听从"等下"的命令是告诉你的狗，你是主人。接到"等下"的命令之后，狗还需要另一个命令或一个结束的词，可以是简单的"去玩儿吧"。

**4** 当狗主人准备接着走的时候，收回"等下"的手势，给出结束的信号，例如"我们走吧"。狗必须要等待这个结束的口令。

**5** 当狗结束了"等下"的状态，它会继续跟在你脚边走（参见136—137页）。温顺的狗不管有没有狗绳，都很容易训练它们听"等下"口令。很多顽皮的狗则需要更多的重复强化训练。在一个没有干扰的安静地方开始"等下"训练是至关重要的。

### "别动"训练

狗对你回来有信心，才会服从"别动"的命令。对一个焦虑不安、情感上需要你陪伴的狗，或者野性十足、喜欢到处乱跑的狗，或是总想要主导你的狗来说，训练它待在一个地方并不容易。

当你回来的时候，把狗带离它等待的地方，蹲下来给它一个拥抱或者和它玩一会儿。一旦你的狗确实学会在一个场所不动，通常它也可以在任何你想让它待着的地方不动。

### 贪嘴狗的问题

对于贪嘴的狗来说，用食物进行训练奖励可能过于强有力了。它会被食物的香味吸引，以致不能等到完成"等下"或"别动"的动作后再获取奖励。如果发生这种情况，在训练中不要用狗最喜欢的食物做奖励，用一些它不是特别在乎的食物。

对于少数的狗来说，在进行初级阶段的训练时，可以用玩具而不是食物来奖励。记住，不管用什么奖励方式，也不管你遇到什么问题，保持你的声音是欢快的。

### 用词保持一致

还记得你最近一次学习外语的经历吗？一串急促含混的声音听起来像什么？在训练早期，你对狗说的任何话就像那串含混不清的声音。所以，为了让狗容易记住，你说出的话要一致。选择在整个训练阶段都要用的固定的词语，把教狗基本服从命令的用词列成清单，贴在家里的墙上。还要给家里每个人都准备随身携带的小卡

# 教你的狗不要动

**1** 在训练狗"别动"的时候，要用很明显的手势。给狗拴上狗绳，以确保狗会服从，狗主人做手势，命令狗"别动"。

**2** 在对狗保持着手势、口令和眼神接触的同时，狗主人把离狗远的那条腿挪开。有的时候，需要抓着狗的项圈给它提示。

片。我不是开玩笑。

　　狗也许会错误理解训练，或者误解你想要的，或者傻呆呆地以为是在做游戏。对严重偏离的行为，我用"不"（no！）的口令。但是当小狗打滚或者想要去玩儿的时候，我会用相对中立的"错"（wrong），并用平缓的语气说出来。如果你的狗也这么做，就要说"错"，然后向前一步站到它面前，重新开始训练。

## 老布贴士："别动"训练

- 在喂食和运动之后，更容易吸引你的狗的注意力。

- 在练习"别动"的训练中，绝不要让狗在结束口令后过来找你，始终都应该是你回去找狗。

- 如果狗移动了，静静地让狗重新回到位置上，然后缩短你跟狗之间的距离，让狗重拾信心，知道你会回去找它。

- 别急着增加你跟狗之间的距离。这需要时间，需要耐心。

## 口令链

　　这些口令通常都会伴随着其他的后续指令，例如"来""坐""趴下"，或者结束口令，例如"OK"或"结束"。你的狗现在正开始学习一系列的口令。这是将习得的行为串起来的游戏活动的基础，比如狗要等着，直到你扔一个玩具，然后它追逐玩具，抓起来，送回来，放下来。

**3** 狗主人向后跨出第一步，保持手势和命令1秒钟。如果狗动了，安静地让狗回到原来的位置。

**4** 一旦小狗能待着不动了，狗主人回到它身边，给予平静的表扬，然后发出结束命令，但不要再给更多的表扬。

# 坐和趴下

## 要避免的错误

**不要**在训练过程中用紧张威胁的眼神。

**不要**过分使用食物奖励。节制点用，让狗明白它要做点什么，才能得到奖励。

**不要**让狗觉得不舒服。通常在狗的侧边训练，而不是在狗面前。

**不要**快速地接连训练坐、趴下、别动。在静态动作训练间隙，插入动态动作练习。

你的小狗已经知道怎么等、站、来、坐、趴下，并在看见你之前耐心地待着不动。训练的目的就是要让它按照你的要求自如地完成这些动作。坐、趴下、站这三课是基于同一主题而有所变化。小心地使用你的命令语句，坐就是坐，站就是站，趴下就是趴下。让狗"坐下"就会令它感到困惑。

### 训练坐下

先要获取小狗的注意：让它闻闻你用食指和拇指拿着的食物奖品，并让它尝一小口。当狗鼻子贴着你的手指时，慢慢抬高你的手，越过它的头。狗的鼻子和眼睛就会跟着那个奖品走。

当它自然地开始坐，并把目光停在奖品上的时候，发出"坐"的命令；当狗的屁股稳稳地落在地面上时，把

## 教你的狗"坐"

**1** 狗应当服从家里每一个可以信赖的人，不管个子大小。右手拿着食物让狗专注，左手抓住绳子以防它突然蹿出去。

**2** 慢慢地把食物抬高，移到狗的脑袋上方，看着狗，在它坐下来的同时发出"坐"的命令，然后奖励它的服从。

*另一种教你的狗趴下的方法是坐在地板上抬高你的双膝。用食物引诱它趴下，然后奖励它。*

奖品给它，并表扬它"坐得好"。

别停在那儿，给狗结束的命令，和它玩一会儿，然后重复练习。

### 训练"趴下"

你和小狗一起坐着，面朝同一个方向，手里拿着食物放到狗爪间，然后再收回来。慢慢地做这些动作，这样狗容易跟着你。当它慢慢趴下

来，鼻子贴近食物的时候，发出"趴下"的命令；当狗的肘部贴在地面的时候，奖励它食物，并表扬它"趴得好"。然后发出结束口令，玩一下游戏，重复练习。

慢慢地延长狗坐或趴下的时间。有些狗需要你和它一起坐在地板上，以增加它的自信。

当你为狗准备食物，或者它靠近小孩、老人或易碎品的时候，让它坐或趴下。

### 训练"站"

宠物医生或者美容师会很感激这项训练。让小狗坐着，你在它侧边，手里拿着食物，把食物从狗鼻子处向前慢慢直线移动。你希望狗只是向前

抬起身体站立，而不是走动，你可以将左手放在狗的膝盖前面阻止它走动。当狗开始站起来的时候，发出"站"的命令，然后给予食物和表扬。

---

#### 老布贴士：姿势

狗很快会适应你的身体姿势。不要赫然耸立在狗面前；你威严的姿态可能会吓到它。开始进行站立训练的时候，蹲下来，用一种诱导的姿势接近它，这样就不会吓到小狗。随着训练的进展，你可以转换成向上直立的姿势。

---

# 教你的狗"趴下"

**1** 狗和主人并排坐，面朝同一个方向，预备开始练习。

**2** 狗主人用右手把食物移到狗的前爪下。不要把食物向前挪。如果你这么做，小狗的屁股就会抬起来。

**3** 当狗趴下时，狗主人同时发出"趴下"的口令，然后给它奖励。如果狗的后背抬起，就拿着食物从口令"坐"开始重新训练。

# 牵狗行走

你的新狗必须明白，生活充满风险，最好时刻相伴在你左右，而这样拽着你走，则哪里都去不成。新的小狗或未经训练的成年狗很自然会拽着你走，这让狗很有成就感。特别是对那些每天2次去公园的狗来说，比起身边熟悉而乏味的你，公园好玩多了。拽着你往前走，可以闻到香味，见到好玩的东西，可以兴高采烈地追逐公园里其他的小伙伴。每次你允许狗拽着你，你都是在给自己增加额外的工作。要训练狗学会心甘情愿被你牵着走。

右手拿着绳子和食物，左手松弛地牵着狗。

### 你的目标

在你离开家之前，在你拿起牵狗绳的时候，牵狗行走就开始了。你的狗已经学会坐，可以乖乖地让你把狗绳套上。如果不行的话，就再回去练习"坐"（参见134—135页）。狗听从"等下"命令，让你先出大门。如果不行的话，就再回去练习"等下"（参见130—131页）。你的目标是让狗学会在你身边安静地行走，而不是蹿到你前面。

别指望你的狗一学就会，要一步一步来。这个训练需要你全神贯注，所以在你思维敏捷时再训练狗。

### 用什么样的牵狗绳

千万不要用加长的牵狗绳做这个训练，最好用短绳。许多狗习惯套着项圈或背带。但是如果你有一只大型的或超级热情的狗，最好用带嘴套的项圈，这样比较人道和有效。牵狗绳贴在下巴下面，当狗向前拉的时候，

## 教你的狗跟着走

**1** 训犬师训练狗靠着左边走。用"走"的命令吸引狗的注意力。

**2** 用靠近狗的左腿先行，牵狗绳松松的，狗的肩膀靠近你的腿。

**3** 一旦狗走到你前面，不管绳子是松还是紧，立刻停下。

## 要避免的错误

**不要**总是带着食物。你的小狗可聪明了，它很快就会明白，只要好好走路，鼻尖下就总会有好东西吃。

**不要**用廉价的奖励。这个训练需要多花些时间，当狗完成得好的时候，应该给它带来极大满足的奖励。

**不要**咄咄逼人地盯着你的狗，那会让它害怕。

**不要**让你的狗决定闻什么或在哪儿闻。狗需要时不时嗅嗅，所以走一会儿就停下来，松开狗绳，让它去闻闻。

**不要**让小狗和谁都打招呼。如果遇到友善的人或别的狗，停下来，让狗坐下。

**不要**抱拒绝被牵着走的狗。否则狗会以为拒绝走就会得到你抚摸它的奖励。等到狗愿意继续练习再抱它。

**不要**让狗绕着绳子溜溜转。别猛拉绳子。用不断地拉绳子或者把狗拽回来来限制狗的行动，会让它觉得除了努力逃跑，什么也不想做。

**不要**让你的狗今天走你身体这一侧，明天走在那一侧。一定要保持一致。训犬师一般选择让狗走左侧。

它自有的冲力会带动脑袋往下。要确保带嘴套的项圈戴得妥帖，这样鼻子上的箍带就不会伤到眼睛，而且可以尽快释放压力。

### 奖励和结束

当狗走了二三步之后，就让狗坐并给予奖励。重复这个循环，并在狗觉得无聊之前停止。

在训练尾声，告诉狗"结束"。你选择的结束用语很重要，不管完成什么训练，每次都要用相同的口令。让狗坐着，然后说结束用语。狗听到这个词，就意味着它可以为所欲为，而不必再关注你了。

### 潜在的问题

如果狗不能集中注意力或拖着你向前跑，你要保持冷静并停下来。一旦牵狗绳松下来，狗看着你，马上冲狗微笑，表扬它，用点心奖励它，让狗回到原来的位置，重新开始训练。

但如果狗把点心丢在地上，拒绝走路，一定要搞清楚原因。不喜欢你给的点心？是对每次都带一样的东西腻烦了？是害怕还是病了？重新开始训练前，要先搞清楚这些问题。

### 在训练成功之前

我并不是说，你一定要等到你的小狗会乖乖地套着绳子走路，才带它出去。你可以用各种方式去公园遛狗，但对狗的要求和期待不要太高。

**4** 诱导狗往后退，回到你身边正确的位置。它做好了，就给它奖励。

**5** 重新起步走。重复"开始–停止"的动作，直到小狗明白它是因为走对了位置才得到奖励的。

## 老布贴士：行走

- 确保狗的项圈套得合适，不会从头上滑落下来。项圈上带好狗的身份铭牌。
- 在开始做牵狗行走的训练前，和狗玩一下，做做热身活动。训练时间要短，但是次数要频繁。
- 在单调的走廊开始初级训练，慢慢升级到趣味盎然的地方。
- 全神贯注。关掉手机，专注于你正在做的事情。
- 如果你个子高而狗很小，用沾了花生酱的木勺子做诱饵。这可以保护你的背。信我的没错。
- 如果你不明白你正在做什么，找人帮你。
- 只要狗做对了，就表扬它。即使训练过程很痛苦，结束的时候也要积极乐观。

# 防止扑跳

## 老布贴士：平缓情绪

· 创造训练机会。邀请你的邻居来观摩，事先提醒他们不要和你的狗进行眼神接触，等狗安静下来再和它打招呼。

· 在前门放点小点心。如果狗能安静地坐着不跳起来，就让访客奖励它一颗点心。

· 遛狗时也带着小点心，如果看见不认识的人，狗也能安静地坐着不跳起来，就让他们奖励一下狗。

· 别让狗在沙发上或你的膝盖上乱跳，以获得你的关注。如果你以后乐意让它这么玩，那就训练它听到命令后才跳上你的膝盖，而且必须是来自你的命令。

## 要避免的错误

**不要**对着你的狗大喊"下"（down）。"下"是另一个口令，容易和别的口令搞混了。"下"是"趴下"（lie down）的一部分。你需要一个新的口令去阻止狗的扑跳。比如"离开"（off），简单精炼。

**不要**用《黑礁》漫画里的教官所建议的体罚方式：把膝盖弯到胸部，用力挤它的前爪。你希望你的小狗喜欢和新朋友相见，而不是让它产生任何负面情绪。

**不要**让你的新狗迎接人，除非它能安静坐着。

**不要**自己破坏关于扑跳的规则。如果你不能遵守，那你就是给自己的未来找麻烦。

扑跳到人的身上是令狗刺激兴奋的。狗宝宝会得到人的抚摸，柔声细语的说话，甚至意想不到的点心。不过，当狗宝宝长大变得强壮的时候，你就不希望它随便扑跳了，你经常要说"不""下来"，还要训斥它，有时候干脆不理睬它。你知道吗？偶然间，你发现了训练狗最有效的方法：间歇性奖励。就好像你的狗在玩老虎机，有时居然也能中大奖一样。狗很容易扑跳上瘾。这里有些预防的方法。

## 教你的狗不要扑跳

**1** 狗主人使用鼓励狗寻求关注的肢体语言，在不经意间让狗扑跳起来。

**2** 当你看见狗的时候，保持冷静，静止不动。如果狗扑跳了，你就转身别理它。

## 简易步骤

预防很简单。因为狗宝宝已经学会在开饭前"坐",在专注前坐,在游戏前"坐"。当它"坐"着的时候,肯定不会跳起来。

当有人进门的时候,指示小狗"坐"。带狗行走时,如果有陌生人想要亲近你的小狗,指示它"坐"。有趣的是,与训练狗相比,训练你的家人和陌生人困难多了。

## 训练家人和陌生人

相对于胆小的狗,对热情活跃、超级喜欢社交的狗来说,扑跳是一个更大的问题。任何关注,即便是诸如"离我远点"这样的负面关注,都会让狗热情膨胀。

扑跳的后果太让狗喜欢了,你要很认真地将扑跳看成狗的一种成瘾。预防比矫正要容易很多。人们会说他

们不介意你的小狗往他们身上扑跳。你可以一边亲昵地骂着"坏狗",一边解释,这样很可爱。但还是有好些人不喜欢狗扑到身上。如果你不保持训练的一致性,你的狗最终会激怒某些人,特别是那些"反狗"人士。

## 在狗的高度打招呼

所有的人,不管是你、你的家人、邻居还是陌生人,开始的时候站着和狗打招呼,会很容易让狗坐。当它安静地坐好,就弯下身子给它点心奖励。直到狗坐得稳稳的,不会扑跳,才给它拥抱,和它玩耍。当你和狗玩耍的时候,蹲下身子,尽量靠近地面,这给小狗一个暗示,即它可以自由自在做只小狗,被宠爱,与人一起玩耍。如果你的小狗过于热情,给它拴上一根家用狗绳,当它扑跳的时候,用脚踩住绳子,狗就会回头来看

### 控制你自己

是啊,小狗一个欢笑的扑跳,舔舔你的脸颊,那是很可爱的。让小狗这么做的时候,我们都是有责任的,因为我们好像让小狗把扑跳当成了对它的奖赏。所以当你遇见一只新的小狗时,你要明白你可能正在给狗主人制造一个潜在问题,这个问题随着小狗长大会浮现。扑跳是一种危险的习惯。小孩、老人或体弱的人可能会被扑倒。扑跳还会留下脏脏的爪印。你的狗跳起来的时候也许很开心很快乐,但这仍属于攻击行为。

怎么回事。一旦狗的四肢都落地且呈坐姿时,就给予表扬。如果你的狗是只新的成年狗,无论在家还是在公园都要用长的牵狗绳,直到你确定它不会扑跳。如果狗扑跳的话,就踩住长绳,这样狗就会检查自己。

**3** 如果你的狗对生活充满热情,单纯的口令可能不够。给它套上家用狗绳,当狗尝试扑跳的时候,你踩住绳子,这样狗就会停下来检查自己。

**4** 一旦吸引了狗的注意力,就发出"坐"的命令并给予食物,奖励它的顺从。如果狗再扑跳,别理它,转身背对着它。

# 预防撕咬

对小狗来说，用像钉耙一样锋利的牙齿咬你的手就像吃饭睡觉一样自然；所以它一边咬一边还会嗷嗷地叫唤。在狗窝里，小狗之间也会这么玩，它们可以玩得很粗鲁。如果玩得太过火，被咬的小狗就会尖叫，然后游戏终止。通过不断尝试和纠错，小狗学习怎样控制撕咬的力度。你希望你的小狗只咬玩具而不是咬你。

## 寻求关注

狗通过撕咬获取关注。有些狗还想知道它撕咬的力度和控制效果。

如果狗小的时候有撕咬习惯，长大了也会撕咬，用一个词形容就是"坏狗"。被小狗撕咬很好玩，也有趣。但只有怪异的人才喜欢被完全长大的狗撕咬。小狗很容易通过撕咬获得关注。最好在狗小的时候纠正它撕咬的行为，就像纠正扑跳一样（参见138—139页），狗小的时候会比较容易纠正。务必，只奖励小狗良好的行为。如果不乱咬就关注它，给它奖励，如果它撕咬，就什么也不给它。

## 练习

要解决这个问题，我们只要仿照

## 教你的狗不要撕咬

**1** 大多数小狗都喜欢时不时地撕咬主人。现在这也许"好玩"，但你要知道，这是个不可接受的行为。

**2** 小狗一旦将牙齿接触到你身体的任何部分，马上尖叫以惊吓狗，它就会自然地松口。

## 不良的早期学习

很小的时候，狗宝宝就和同窝的小伙伴们一起开始学习怎样撕咬了。它们从别的狗身上学习怎样避免被咬到。孤儿狗、落单狗或那些很早就被分窝的小狗，更容易有撕咬的问题。这些狗需要在训练中给予额外的帮助。

狗的做法就是了。小狗通过"不跟你玩儿了"来惩罚那些把自己咬得太重的狗。规则就是：一旦狗的牙齿接触到人的皮肤，玩耍马上停止。

当狗咬到你身体的任何部位，你就要像受伤的小狗一样尖叫。如果你养了一只奇怪难弄的小狗，尖叫反而刺激它更兴奋，你就要像受伤的公象一样吼叫。男人通常觉得这比大声喊叫更简单。停止玩耍，

离开小狗。如果在房间里，就走出去，关上门，数到5再回到小狗待的房间里，继续不理睬它。

一分钟后，当你确信小狗已经安静下来，命令它坐，重申你的权威，然后发出结束命令，继续和它玩耍。

### 小狗撕咬与孩子

小狗和孩子不可避免地会疯玩在一起，这会带来隐患。孩子随意的走动和尖叫会让小狗亢奋。挥动手臂或跑开，不管是出于害怕还是好玩儿，都会让小狗更激动。不要单独让孩子和新来的狗在一起。教你的孩子在新狗旁边慢慢地移动，当狗太兴奋的时候，要停止不动，避免和狗有眼神接触。在狗和孩子间总是放个可以啃咬的玩具，这样能减少狗咬孩子的风险。

### 要避免的错误

**不要**让孩子在你的新狗周围挥舞手臂，你自己也不要这么做。

**不要**抓住和举起你的小狗。你用手抓狗，就像它的同伴用爪子抓它，两者都能触发撕咬行为。

**不要**玩"追我"的游戏，除非你的狗知道不能咬你。

**不要**用力玩拽拉游戏，除非你的狗能轻松地放弃玩具。

**不要**从狗嘴里抢夺玩具。训练狗按照你的命令放下玩具。

**不要**把玩具随意放在地板上。不玩的时候应收拾到玩具盒子里。

**不要**让狗在玩游戏的时候低吠。如果狗为了抢玩具而低声吼叫，马上结束游戏。

**不要**假装你是只狗，并低声吼叫。

**不要**阻止你的狗正常的撕咬活动。给狗足够的时间和别的狗一起玩耍，选择合适的撕咬玩具。

**不要**和你的狗分享孩子的玩具。

**3** 马上再次伸出手给你的小狗。它会记得你的尖叫而不去咬你。

**4** 因为狗没咬你，轻声表扬它，奖励它美味的点心。

# 和狗玩耍

出于和人同样的原因，狗喜欢玩游戏。玩耍的时候，它们感觉愉悦。神经学家证实，愉悦的因子是它们的身体释放的化学物质，能够让狗沉浸在快乐的游戏中。和我们人类一样，狗的玩耍是为了获得生理上的奖赏，但同时玩耍也是追逐、捕获、咀嚼这些生物需求的自然发泄渠道。你的狗需要从这些活动中获得生理和精神的双重满足，所以会自己发明让它满意的游戏，诸如追逐机车和慢跑者，除非你进行干预并控制玩耍。和狗一起玩游戏是服从训练的自然延伸。

### 寓教于乐的游戏

通过游戏来加强狗的服从，奖励狗的良好行为。比如，玩捉迷藏的游戏，把你自己或是玩具藏起来，当狗发现的时候，就对它的有效记忆进行奖励（参见128—129页）。

*有节制地、短时间地玩拔河游戏，让狗和你都开心。如果狗开始低吼，则结束游戏。*

另一种方法就是通过简单的可辨识的气味，让狗一路闻嗅去发现藏起来的东西。你和狗玩的游戏帮助你了解狗是怎样思考，你也会了解狗愿意和你互动的程度。

## 游戏给你控制权

和狗一起玩可以建立你和狗之间的信任关系。狗越信任你，就越容易强化以前的训练，并进行下一步的训练。

游戏是将训练目标和玩耍的享受融合在一起的最好方式。狗才不会区分训练和玩耍呢。它会只关注你，因为不管在哪里，都可能有玩耍的机会。在进入游戏前，有两个练习可以让生活更安全："扔掉"（drop it）和"放弃"（leave it）。

## "放弃"训练

"放弃"是一种潜在的救生练习，至关重要，能防止你的狗乱吃脏东西。

人们带狗到诊所来见我的最常见原因，就是狗咬了、尝了或者吞食了它不该吃的东西而导致呕吐、腹泻、中毒或者梗塞。

手里拿着食物，将其移到小狗眼前。当狗快要够到食物的时候，合上手。狗很快就会迷惑地退回去，或者坐下。它会暂时放弃这个食物。

重复这个动作，当狗再次放弃时，说"放弃"。用特定的词奖励狗的好行为，比如"放弃得好"。经常重复这一系列的动作，慢慢地将你的手从狗的视线的水平高度移到地面高度。地上的很多东西才是你希望狗要放弃的。

狗喜欢拔河游戏。除了特别霸道的狗，这个游戏对多数狗都是安全的。在狗学会"扔掉"后和它一起玩这个游戏。

## 老布问答

**如果我的狗对玩具不感兴趣怎么办?**

这种情况可能发生在那些小时候没玩过玩具的狗身上。它们只是需要时间学习怎么玩。这也可能发生在那些有超级多玩具的狗身上，那就把玩具全部收走，只留一个啃咬玩具给它。要让狗看着你把玩具拿走。让狗知道大家都想要玩具，但是它却得不到，这样玩具就成了真正的资源。在狗面前玩接球游戏。两个人把玩具扔来扔去，激发狗的兴趣。如果没有帮手，就在玩具上拴根绳子，扔向空中或在空中旋转。你要表现得很兴奋，但是不要理睬狗。像人一样，狗也喜欢禁果，喜欢你有而它没有的东西。慢慢地让玩具在空中或地面差点被狗抓到，然后把玩具拿走。最后，让狗终于能碰到玩具，并"赢得"玩具。

## 老布贴士：游戏

- 你是主导者，你决定什么时候、在哪里、玩什么以及何时结束。从简短的游戏开始，在狗仍然兴趣盎然的时候结束。
- 如果你的狗蠢蠢欲动地想玩，你也想玩，在游戏开始前，先让它练习一项服从命令。
- 小心地选择游戏玩具（参见108—109页）。小狗特别容易发现有些玩具的重量、质地、气味别的东西更有吸引力。尽可能多地在游戏中融合小狗喜欢做的动作：拿取、挖掘、打滚、用鼻子闻，等等。

- 平时把玩具放在狗拿不到的地方，只在游戏时间拿出来。
- 保持你的身体姿态和声音富有激情和吸引力。可以表现得戏剧化一些，但要有节制地保持小狗的兴奋度，不要让狗过于疯狂。
- 把玩具放低，接近地面，这是为了防止狗为得到玩具而扑跳。
- 如果你的狗扑跳，咬你，拒绝执行它学会的"扔掉"的命令，马上停止游戏。
- 了解狗身体和精神上的极限，避免可能的危险，比如跳跃游戏导致的韧带撕裂。

衔取玩具球

## "扔掉" 训练

"扔掉" 训练是另一种潜在的救生练习，也是衔取训练的重要组成部分。

首先，摇晃一个有吸引力的玩具或者沿着地面拖曳玩具，以引起狗的注意。在玩具上使劲擦手以增强你的气味。你的狗肯定会用嘴撕咬玩具。当它咬的时候，说"扔掉"，同时放一块食物在狗的鼻尖。小狗闻到食物香气后，会自然放掉玩具。试着抓住玩具，别让玩具掉到地面对小狗形成干扰。然后马上命令小狗"坐"。小狗坐好后，给予表扬和食物奖励。这个"坐"的姿势阻止了小狗跳起来抓玩具或食物，最终淡化食物的诱惑。

你现在对小狗进行的训练，是衔取训练的核心之一。随着"扔掉"训练的进展，你可以让狗在扔掉东西前先坐好。狗把东西交给你时，可以把

如果你的狗像右边的狗那样弓起身子，那就是它想玩了。

"谢谢"作为扔掉的命令。

## 捉迷藏

这个游戏满足了狗追捕和探究的需要。这个游戏很有用。因为有些玩具设计成在移动时掉出食物，这样你不在的时候，你的狗就可以自娱自乐了。

在狗看不见的时候，放一些食物（从下一餐中分出来的）在屋子里。让狗进来，用

狗和孩子都喜欢玩捉迷藏。

手指在食物边的地板上敲击；狗找到食物的时候就说"找到它"。在每份食物边重复进行这个练习。

一旦狗能自如地根据"找到它"的命令搜索和找到明显的食物，就可以开始进行高级训练，让狗发现不容易被找到的食物。把食物藏在家具后面，放在开口的纸袋里或任何一个会掉食物的玩具里。你自己甚至可以藏在树后面，让狗来找你。

保持安静，让狗充分利用自己的鼻子。别提示它东西在哪里，让它自己去努力。如果狗能自己把玩具拿回来给你，要表扬它。你的狗表现良好，可顺利继续下面的衔取训练。

"鼻子"游戏可以从鼓励小狗找到自己的晚餐开始。如果你自己是要被搜索的目标，那就躲在树后，保持安静，让狗自己来发现你。找到你就是巨大的奖励。经常玩这个游戏，你会发现，你的狗在行走时会越来越在意是否紧跟着你。

## 要避免的错误

**不要**在户外训练，除非你的狗能可靠地完成跑回来——坐下——扔掉球的动作。

**不要**纠正狗做错的那部分（例如回来）——当狗在训练中做对了别的部分（例如叼住时）。

**不要**用啃咬玩具，也要避免可啃咬的木头。最好的衔取玩具是为这个目的特制的，例如哑铃玩具。

**不要**把衔取玩具随便放，两个游戏之间要把玩具藏起来。

## 衔取训练

在这个更复杂的游戏里，你的狗要发现目标并把它拿回来，这可能是一个球、一个飞盘、一个会叫的玩具或者一只死鸭子。狗要把目标捡起来，带回来给你，放到你手上。在做这个训练的时候，是一系列连续的

行为"追过去——捡起来——跑回来——停下——坐——扔/给"。

"衔取"训练对狗来说是极好的游戏，因为满足了它的多种自然需求：寻找，携带，团队合作。这个游戏给狗一个追逐的机会，但要在你可控的情况下进行。

有些狗更容易受训。用不着吃惊，寻回犬做得非常棒！如果你不擅长投掷，可以借助网球拍或者特制的发球器。首先，让你的狗对衔取对象有兴趣。在屋内的地板上坐好，不要有干扰，用绳子把球滚向你的狗（你可以控制球）。当狗捡起球的时候，

鼓励它跑向你，用特定的词表扬它用嘴叼住球，比如"叼得好"。用食物交换它嘴里的球，并说"谢谢"作为扔掉的口令。

重复练习，并逐渐增加狗所找的东西与你之间的距离。最后，让你的狗"坐"，同时把东西含在嘴里1秒钟，然后再说"谢谢"或"扔掉"，作为扔掉的口令，并给予食物奖励。

完整的衔取过程是一系列的动作链。如果某个环节出了问题，链条就断了。把有问题的那个环节抽出来做单独训练，确定狗完全学会了以后，再继续全过程的衔取训练。

*狗可以自己玩儿，也可以在你的帮助下，去玩有食物从里面间歇掉出来的玩具。*

## 老布贴士：衔取训练

决定何时进行衔取训练的是你，而不是狗。在游戏前不要让你的狗看见衔取玩具（千万不要用会叫的玩具），最好把玩具上的气味清除掉。如果你的狗选好了玩具让你扔，而你扔了，这就好像是由狗来决定何时结束游戏、何时跑开或者撕咬玩具。

千万不要试图从狗嘴里拿走衔取物品，那只会导致拔河游戏。反之，应该用挠痒痒或小食物之类的东西诱导狗，同时伴以"扔掉"或者"谢谢"的口令。

不要让狗将衔取训练变成"你来抓我"的游戏。如果狗不愿意把东西带回来或者扔掉，千万别追着它跑。如果狗诱惑你往这头跑，你就走向另一边。让狗拥有

几分钟骄傲和自主权，它就会乖乖回来完成"扔掉"的命令。当狗嘴里叼着衔取物品时，千万不要纠正它，那会让它不知所措。

*典型的简单衔取玩具*

第四章

# 狗不是天使

# 狗有狗样

　　现在，我们有必要指出，不管你再怎么把狗当作人，你的狗**不是**一个穿着皮大衣的人。当你对狗说，"托尔斯泰，要是你再这么做，我一定饶不了你。"你的狗只听到了自己的名字，还有你说话的语气。那种充满理解的眼神是狗经久不衰的魅力之所在，但是，那也就只是个眼神，再没别的了。你的狗具有的潜能只能做到狗该做的事儿，不会更多了。

## 为狗结扎

### 结扎影响狗的行为

　　狗的青春期开始于 5 到 12 个月大期间。公狗会翘起后腿撒尿，撒尿次数也更频繁，以此来标记领地。母狗进入发情期时，会出现外阴部有血流出。性荷尔蒙对狗的影响和对人的影响是一样的。在青春期到来前进行早期绝育（卵巢切除或阉割），可以稳定狗的个性。然而，对于一些母狗，特别是某些品种的母狗，早期绝育会增加健康风险（参见 187 页）。但这并不会让狗少了青少年阶段。绝育与否，这是一个坎儿，你要自己过。

## 遗传限制了狗的行为

　　狗从狼祖先那里遗传了思维的灵活性。它可以本能地理解身体语言，而由于我们和狗分享相当多的身体语言，所以狗会理解我们的某些感觉和情绪。

　　狗会从自身的经历中学习，所以除非你的狗学会信任人，否则，它本能地对不熟悉的人有警觉性，会提防或害怕他们。

　　你的狗觉得自己是家中的一员。你的地盘就是它的地盘，它会通过吠叫来对别的人和别的狗申明这一点。所有这些行为都是犬类本能。有些我们喜欢，有些我们则不喜欢。

## 从同窝狗崽身上学习

　　狗对关系的学习从与狗崽们同窝时就开始了。在小狗出生后最初 3 周里，它全部的社交结构都源自于狗的本性。它会学习寻求让自己舒服的环

## 狗的成长

### 快速的成长和发育

　　身体很快就进入成熟期——大多数犬种在出生后 1 年就成熟了——但是情感上的成熟需要更长时间，一般在出生后 18 至 24 个月。狗的第一年相当于人类出生后的前 15 年。

1 天大

10 天大　　　　7 周大

4 个月大

*我们都希望自己的狗是完美的。我敢打赌，你们当中有些人就是这么想的，但你要意识到一点：狗并不是穿着皮大衣的天使。*

境，建立各种关系。

接下来的5周，狗的感官发育得更为成熟，人开始成为狗眼中世界的一部分。狗开始习惯于被人抱，甚至

在比它大的、和它完全不同的物种手中，它也会感觉很放松，很安心。长到2个月大以后，狗才会开始有恐惧的行为表现。

## 个性

你的新狗有自己独特的个性，包括狗的精力状况以及狗对于需要做的事的意愿表现，例如侦查环境、标记领地、使用自己的叫声以及和别的狗交流；还包括每只狗对于你想要它做的事的理解力，例如你想要它控制自己的大小便，听你的话，喜欢花时间和你在一起。

有些专家把后面这些特点称作"沟通商"，有些犬种——例如边境牧羊犬（参见54页）、德国牧羊犬（参见22—23页），拉布拉多犬（参见20—21页）以及黄金猎犬（参见26页）——通过优生选育，展现出卓越的沟通商。它们保持专注的时间比㹴犬要长，所以能够更好地专注于你和你正在做的事。

但即使你的狗是个不错的倾听者，你也要准备好处理狗成长中出现的一些问题。

### 老布贴士：青春期的狗

体验生活是非常美好的。别指望你处于青春萌动期的狗会遵守你的规则，或者理解你所关注的事。

- 所有的青少年，无论是人还是狗，都渴望尝试新事物。如果你的狗尝试了，还得到了奖励，它就会重复同样的行为。所以，你可以决定奖励什么，如果你不想要自己的狗做什么，你要找到另外一个奖励，以转移狗的注意力。
- 不要失去理智。有些青春期的狗会是个小恶魔。
- 别一直说"不！"，强调可做之事，而不是不可做之事。
- 当狗让自己或其他人（狗）陷入危险时，要说："不！"
- 青春期有无限的精力。一定要保证有充裕的时间，让狗消耗掉过剩的精力。

### 青春叛逆期

从相当温顺的小狗宝宝长成和蔼可亲的成年狗，意味着要经过青春期。从乖宝宝变成叛逆的青少年，并不只是荷尔蒙的作用。很多狗宝宝在进入青春期以前就已经做了结扎，但一旦有机会，它们照样会忘了自己的大小便训练，会啃咬桌腿和地毯，莫名其妙地躲起来或缩在一边，变得沉默寡言，缺乏自信，或者唯命是从，还可能（更为常见的）某一天忽然决定不理会你的命令，自己为所欲为。

训练上的问题是无法避免的。当问题发生的时候，重复已经做过的训练。训练中的不一致性所产生的问题，就像青春期叛逆所带来的问题。新的成年狗差不多都会带来未知的挑战，恐惧和分离焦虑症在收养的流浪狗中特别普遍。

6个月大　　　　　　　　　1岁

# 兴奋的新狗

狗不会隐藏自己的感情，所以要预期你家的新狗会很兴奋。这种情况对狗而言很正常，尤其是处于青春期的狗。兴奋的表现包括抓挠你或者你的衣服，往你脸上跳，吠叫，追着任何会动的东西跑，因为发现有更好玩的事儿，叫它的时候不过来，或者拽着狗绳使劲儿往前冲，想要快快冲到你要去的地方。

生活太精彩了。年轻的狗毫不掩饰对活动的热情。

### 避免不必要的兴奋

当你为狗套上狗绳，往前迈步的时候，你的狗迫不及待地像颗导弹一样往前冲。这时候，如果你接着往前走，那你就在无意识地奖励狗的这种兴奋行为。你在为狗加油。犯这种低级错误简直太容易了。当狗任何兴奋行为出现，你都要回到基础的服从训练。你并没有失败，只是要加强早期进行的训练。

如果你的狗喜欢追逐，增加"等下"的训练（参见130—131页）。如果它喜欢咬，重复"预防撕咬"（参见140—141页）的训练。如果狗往人身上扑跳，重温"防止扑跳"的训练（参见138—139页）。

### 拽狗绳

我的客户最想避免的，就是狗拽着绳子兴奋地往前冲。如果你能集中几个小时对小狗或年轻的狗加以训练，这个问题在一天之内就可以解决。相信我，你的狗会自己学到，什么样的行为可以让它继续出去散步，什么样的行为会让它哪儿也去不了。你需要放松，并准备一袋食物。

让狗安安静静地检查不认识的东西。

### 预防被拽

当你的狗在你给它套上绳子准备带它出去散步时变得兴奋，绝对什么都不要做。你只要站着不动，等着它自己平静下来。不要有任何暗示，不要有眼神接触。什么都别做！你可能要等很长一段时间，尤其是开始的时候，所以你一定要特别有耐心，但最终你的狗会坐下来，而它一旦坐下来，你要表扬它"坐得好"，并给予食物奖励。你的狗现在自己学到了你想要它做什么。它同时也自己学到了什么是不能做的。

这类"开始—停止"的训练最初会很频繁。可能会有段时间你根本出不了门。

---

### 老布贴士：镇定

- 不要将训练局限在某个地方，否则狗只会在那个地方才会控制自己的兴奋。
- 在散步时重复做5—10秒钟训练的好处在于，狗会学习在不同的场合、受到不同的诱惑时仍然听从你的命令。
- 别只在散步时做这种"镇定"的训练。在静止的车里也可以做这种服从训练。这时，填放了食物的中空玩具作为奖励最好用。

开始的时候，每次只走一步。走一步，停下。等到狗自己坐下来，表扬它"坐得好"，给个奖励。再走一步，停下。等着它的兴奋消退，自己坐下来。表扬它"坐得好"，再给个奖励。在重复多次之后，你的狗就会更快坐下。慢慢增加你停下来等着它坐下之前的步数，每次都表扬并给予食物奖励。狗的回应就会变得愈发迅速。

不断重复这个训练。你的狗就学会自己安静下来，这时重新引入服从训练会有很高的可靠性，狗会听命令并作出回应。

## 延长训练

现在你在带狗散步时，可以插入短的服从训练。在狗完成"等""坐""别动""站"和"趴下"的命令后，教狗一个新的指令。"走"是让狗重新起步走。

"走"意味着狗是在你的带领下往前走，而不是拽着你走。现在你不需要进行食物奖励，因为让狗"走"本身就是对狗的奖励。

## 处理问题

对天性活泼的狗而言，生活中充

### 有用的装备

#### 防拽用品

多数防拽用品诸如窒息链和防拽绳，通过让狗觉得不舒服甚至疼痛，达到阻止狗往前拽的目的。但有些过于激动的狗会拼命往前拽，很可能会扼死自己。温和狗嘴套这类箍头套带是特别好的用品（参见106—107页），尤其适用于大体型的吵闹的狗狗。绳子系在头套带的小环上，小环在狗下巴的位置。如果狗拽到了绳子，就会把自己的头往旁边和后面拉。使用头套带的话，要确认大小合适，不会从头上滑掉。狗头套带可以和一般的狗项圈一起用。

箍头套带很实用，在控制力气大的狗拉拽狗绳时也很有效。

满了刺激，所以你要随时准备有意外发生。技术上而言，我们要比自己的狗聪明，所以，当狗拽着你的时候，你要让狗意外一下。例如，当你觉得牵狗绳绷紧了的时候，你可以突然转身往反方向走，让狗大吃一惊。避免用长的牵狗绳，不管做什么，都用短牵狗绳。在狗往前拽的时候，你的自然倾向是放长绳子，但狗很容易将此理解成它"胜利"了。

*除非受过训练，否则所有的狗在激动的时候，天性都是要使劲儿往前冲的。这是最常见的犬类行为"问题"，通过简单的训练就可以控制了。*

# 沮丧和无聊

我见过的大多数狗每天都会独自在家待上几个小时，它们对这种生活方式适应得不错。很小的时候，它们就知道，有时候，除了和啃咬玩具玩上几个小时，实在没什么好做的。因为这种敏感的早期学习，大部分狗都会安全地自娱自乐，但狗还是需要你的指导。你要是不帮着它们找到发泄精力的渠道，狗会自己找到各种各样应对沮丧和无聊的办法，包括啃咬、打洞、嚎叫或者逃走奔向更有意思的生活。

### 一个可预见的问题

无聊是"独自在家"的狗普遍存在的问题。然而，那些和你一起待在家里却没什么活动可以消耗它们精力的狗，也会觉得沮丧和无聊。

新来的小狗需要主人花时间帮它们社会化，做大小便训练和服从训练。青春期的狗需要最多的脑力和体力活动。年纪大的狗一般已经知道，无聊是生活的一部分，很正常，一点也不意外，要是觉得无聊了就去睡觉。天生精力旺盛的狗，如拉布拉多犬（参见20—21页）和边境牧羊犬（参见54页），是最容易觉得无聊的，而像京巴犬或灵缇犬这些活动量少的狗天生就不太在意无聊。如果你有一只精力充沛的成年狗，它会需要脑力和体力活动作为发泄口。要是你的新狗生性安静，乐于做一个生活的认真观察者，它就不太可能有沮丧和无聊的问题。

### 无聊的后果

无聊的后果可不仅仅是邻居们抱怨你家的狗总在吠叫或嚎叫，或者你的花坛被刨得一塌糊涂，地毯和椅垫错位，墙纸被撕破。

无聊的狗创造力无穷；作为一名宠物医生，我经常处理狗由此而来的伤病后果。有些可能是小事儿，比如因为刨洞而撕断指甲，但更多的会是大问题，比如乱啃乱咬会弄伤嘴，或者是致命的伤害，比如在道路交通事故中被车撞坏了身体。

了解狗的自然需要可以预防由无聊带来的问题。如果真的有了问题，

当留下新来的狗独自在家的时候，让它待在一个牢固的狗围栏内，且放些玩具。

想清楚事情到底是怎么发生的，然后改变狗的生活环境或是生活方式，以免再次发生同样的情况。

## 预防无聊

在房子里或是花园里，蹲下到狗的高度，用狗的眼光来看家里都有些什么。你会很惊讶，看到的东西是如此不同。

务必保持整洁有序，把家里收拾干净。如果除了你给它挑选的啃咬玩具之外，狗没有什么其他东西可以啃咬，那它就会啃咬那个玩具了。

只在大小便训练期间让狗短暂地独自待着时，才用狗笼。狗经过大小便训练，可以独自在家待着以后，如果你还不确定它是不是会在家搞破

*这个活动玩具在滚动的时候会一点点掉出食物——很适合用来缓解狗的无聊情绪。*

坏，用狗围栏就行了。当你觉得可以很放心地把狗留在房间里时，留给狗那种放食物的中空玩具，免得狗太无聊。

狗吃饱后就不太喜欢动了，所以如果你的生活方式要求狗白天独自在家待上几个小时，就在出门前给狗吃主餐，而不是回来以后再给它吃。这会让狗在你离开期间乖乖休息的可能性增大。最后，狗每天独自待着的时间要合理。

## 啃咬玩具训练

如果你的狗会心满意足地啃咬玩具，它就不会汪汪叫、四处乱跑、逃家或者把你的生活搅得一团糟。啃咬玩具对所有的狗都是必需品。你的目的是要让玩啃咬玩具成为狗一生的习惯：好习惯和坏习惯一样，都不容易改变。下面是一些基本的使用啃咬玩具的规则。

· 啃咬玩具不会被破坏或被吃掉。
· 会吱吱叫的玩具可用作训练中的奖赏，可以吃，可以被咬变形，但它们**不是**啃咬玩具。
· 往啃咬玩具里装食物时，最里面装最好吃的，外层放狗的干粮。
· 要是狗喜欢冰块或冰淇淋，把啃咬玩具在冰箱里放上几个小时。

## 克服无聊

如果你的狗感到无聊，它就是被忽视了。这是你的责任，你需要花些时间想想，怎样帮狗克服无聊。

*如果给狗一只你不想要的鞋做玩具，那你要有心理准备，你最喜欢的鞋也会成为狗的啃咬玩具。狗对鞋子可是一视同仁，鞋子是它们占有和啃咬的完美之选。*

如果你有时间，你可以增加带狗出去的次数，或者延长狗在公园里玩耍的时间。如果你住处周边的公园禁止狗不牵绳子自己跑，那就找一个允许狗自由活动的公园。如果你自己没有时间，询问宠物医生是否有可靠的遛狗帮手推荐。一个有用的替代选择是请有更多时间的邻居帮助遛狗。

如果你住在城市里，了解一下当地的狗狗托管服务机构。服务会很贵，但最好的服务可以保证你的狗会有满意的社交以及脑力和体力活动。

在家和狗玩更多的游戏。让狗去找食物奖励，和它玩拔河游戏，如果足够安全的话，玩投掷游戏。教你的狗一些小窍门。训练它和你做击掌游戏，对你们两个而言，这个游戏简单又好玩。

还要谨记一点，千万不要因为

好的啃咬玩具有独特的感觉，而且闻起来和家里的其他东西不一样。

狗由于无聊或沮丧而搞破坏就立刻惩罚它。首先，惩罚已经太迟了，狗根本不知道你为什么会生气。更重要的是，这根本不是狗的错。确实不是。

如果你不在的时候，狗搞了破坏，先弄清楚原因。你总是能够从狗因无聊而有的反应中学到经验教训。

## 老布问答

**如果和我一起生活的是一只沉迷于挖洞的狗，它生活的意义就在于大量地挖洞，该怎么办？**

有些狗挖洞是要埋骨头。还有些狗挖洞是要找一块荫凉处躺着。有些狗想在栅栏下挖个通道以便钻出去，到禁区玩玩。有些狗挖洞则纯粹是因为它们在开发自己作为机械工程师的本领，想看看自己的两只前爪都能干些什么。不管狗想挖洞的原因是什么，给狗提供一块沙地或沙坑，让它在那儿高高兴兴地施展自己的才华。如果你有一只喜欢在栅栏下挖通道的狗，你可能要沿着栅栏的底部装上不锈钢铁丝网。你也可以将网埋在土里，让狗看不见，这会阻拦狗的挖通道行为。

狗可能挖洞去寻找兔子或者根茎，也可能只是因为这是一个令它心满意足的活动。

# 分离焦虑症

过于兴奋的狗很有破坏性，无聊的狗也一样，但还有第三种原因导致狗在独处时狂叫，到处撒尿或者搞破坏：因为和你分离而产生的焦虑症。无聊、沮丧和兴奋都是狗的正常感觉和情绪，分离焦虑症则是一种习得的行为，是狗从你的前后不一致中学习的。我们会在不知不觉中训练我们的狗经历这种精神状态。许多书籍都说，分离焦虑症常常发生在得到救援的流浪狗身上，因为它们有被虐待、被忽视的历史，或者在几个家庭待过。但是现在的研究表明，可能不一定是如此。

## 老布问答

**我怎样做才能减少狗出现分离焦虑症的风险？**

根据我的经验，胆大疯狂、总想骑在你头上的狗，和胆小怯弱、总是蜷伏在你脚边、可怜巴巴看着你的狗，都非常容易患上分离焦虑症。如果你准备收养流浪狗，挑选那种镇定、友好而开朗的狗，挑选有兴趣探索外部世界和你的狗。

### 分离焦虑症的症状

有分离焦虑症的狗，即使只是独自待一小会儿，也会特别痛苦。狗可能会在各个房间蹿来蹿去，或像雕塑一样盯着门和窗外，狂叫、到处撒尿或者搞破坏，而一旦看到你回家，则兴奋不已。和主人形影不离的狗容易有这方面问题，那些和主人有深厚感情而对陌生人有些害羞的狗也容易有分离焦虑症。

### 病因是什么？

大学的研究人员对拉布拉多犬（参见20—21页）和边境牧羊犬（参见54页）做了观察，发现这两个犬种在从出生到18个

*狗主人不在的时候，这只边境牧羊犬找到了一件衣服并把它拖回窝里慢慢咬。*

月期间，特别容易有分离焦虑症。他们注意到，6—12个月大并在多种环境中抚育的狗不会有分离焦虑症，而那些生活在单一环境中的狗则有可能患病。

在一个相关的调查中发现，公狗会比母狗更容易患分离焦虑症。有趣的是，从救援机构出来的狗并不会比从育犬师那里出来的狗更容易得病。

相关的调查数据显示，有多达一半的宠物狗曾在某个时候表现出分离焦虑症的迹象，但只有10%的狗主人曾经寻求帮助来解决这个问题。

## 预防分离焦虑症

为狗创造一种趣味盎然的社交环境。狗遇见的人越多，跟着玩耍的人越多，在情感上它就不会一直依赖你总在它身边。从小就要让狗习惯你不在它身边。

不断增加狗独处在家里的时间。偶尔把狗留给愿意照顾它的邻居1个小时。如果旅行时你准备寄养你的狗，那在它不到1岁时，你就应该让它适应这方面的生活。可能最重要的是，别把和狗的见面和告别当成大事，否则，你自己的情感是得到了满足，可是狗却犯迷糊了，这会增加你不在家时狗的孤独感。

## 经验之谈

至少在离家前20分钟，别去理睬狗。也就是说，没有身体接触，不和狗说话，也不看狗的眼睛。你的身体语言非常有用。放松身体。你的任何动作都会被狗看在眼里。如果你想要更进一步，可以边走边打呵欠，狗会很快知道这是一个让狗平静下来的信号。

别对狗说"我只出去10分钟"。假装狗不在。确保狗已经有了充分的运动，而且还有事可做，比如玩啃咬

*碧翠丝是我诊所护士的巴哥犬，她会一直盯着窗户外头，直到狗主人回来。其他的狗则会因为焦虑而叫个不停。*

玩具。开着收音机，让狗对你的离开没那么敏感。拿起钥匙，但是先不离开。穿上外套，四处走动一下，但是仍然没有离开。

沉稳地限制狗的活动范围，让它不能在房间里乱窜。如果狗喜欢，就让它到笼子里待着。但是，如果狗会把笼子和你的离开联系起来，就别这样做了。

多练习几次出门的动作，避免任何形式的再见仪式，当你回家时避免和狗做眼神接触。只在狗表现镇定的时候，才稍稍给予一点小小的表扬。

### 老布贴士：分离焦虑症

- 你不在的时候，狗要是做了坏事，绝对不要惩罚它。只需清理一下场地，不要刻意关注狗。
- 每只狗性格都不同。很多狗在笼子里会觉得很安全，但也有些狗会因此而沮丧。所以，是否使用笼子解决狗的分离焦虑症要视情况而定。
- 如果你每天都在家，且是全天在家，训练在不同时间把狗独自留在家里。别让狗跟着你从一个房间到另一个房间。在房间之间安装安全门栏，阻挡狗进房间。
- 把狗独自留在家时，总是留一盏灯，开着收音机或者电视。

# 小狗的毛病

**上图和下图** 监督狗，不要让它吃狗便便。在带狗去新地方玩时，确保狗已经清空大小便。

　　家里的新狗最初几个月的任务就是和家人一起生活和学习，但是有3个问题如果不及时纠正，有可能成为狗一辈子的坏习惯。很多小狗在有人和它们打招呼时会撒尿。如果只是因此而激动，那就只是暂时的毛病，但如果狗无法克服不安全感，这就会成为一个永久性问题。开车旅行是生活的一部分，但有些狗不是经常坐车出去，所以会恶心或者兴奋。最后，有些狗，只要有机会，就会吃我们不想让它们吃的东西，比如它们自己的大便，或者其他动物的便便。所有这些情况都是可以预防和治疗的。

## 湿漉漉的欢迎

　　狗会因兴奋而撒尿，因为小狗兴奋时，稚嫩的括约肌还无法紧实地憋住膀胱中的尿液。欢迎你回家或者和你一起玩耍，会让狗忍不住撒尿。这个问题是暂时的，因为随着狗的长大，括约肌也会变得有力。

　　投降式撒尿则完全是另外一回事儿。狗逐渐演化出一套行为，以减少狗之间的打斗。为了避免身体攻击，地位较低的狗可能会摇尾乞怜、翻肚皮、撒尿，或者三个动作一起做。投降式撒尿是一种欢迎方式，表示"我不值得你攻击"，此时你的小狗是在认可你的权威地位。

*投降式撒尿是因为缺少自信而发生的，别把这种情况误认为是缺少大小便训练。*

## 避免和预防

　　在小狗的眼睛里，你的家人、朋友以及访客都是不可捉摸的，而且他们看上去"很大"。你们都觉得小狗很可爱，会盯着它看，尤其喜欢看它那双美丽的眼睛。你想抱小狗，所以你会蹲下去，抚摸小狗，或者把它抱起来。你也许会拍它的脑袋和肩头。一只没有安全感的小狗会把所有这些行为都视为对它的挑战，它会用"撒尿欢迎"这种恰当的投降姿态作为对你的回应。

　　避免会引起这种湿漉漉的欢迎方式的情况。回家的时候，别去理小狗。别跟它的眼神有接触。不要为任何理由而弯腰去看它。如果小狗表现得好，喃喃地说几个词，让它听到你的声音，但仍然别看它。如果它没撒尿，给它食物奖励。

　　在生理上，狗很难边吃东西边撒尿；吃东西在跟撒尿竞争。当家里来客人的时候，请他们假装家里根本就没有狗。要是你的狗很活泼，就把它关在狗围栏里，或者把它拦在指定区域。

## 坐车旅行

　　在带狗回家的那个星期，你就要开始带它坐车出门，最好是让它待在放在车后座的狗笼里。当开始服从训练时，要包括坐车训练的环节，这样狗听到命令就会坐下或者趴下。

　　如果小狗在车开着的时候不舒服，让它坐在车里，关掉引擎，开着收音机，并且如果小狗没有因为兴奋而气喘吁吁，或者有恶心的反应，给它食物或者是它心爱的玩具，以奖励它的表现。当小狗在车里安静下来后，发动引擎，把车开出停车位，然后立刻停回来，之后开出去一小段路，最后开出去更远距离。如果小狗晕车很厉害，那就要找宠物医生开一些晕车药。

### 老布问答

**如果我的小狗吃动物的便便怎么办？**

　　这种情况很"正常"（狗就是"清道夫"），但是很让人恶心，而且会引起消化不良，应该避免。吃便便的行为开始是大胆尝试，然后很快就会成为习惯。除非狗有营养不良症（出现的几率很少），否则在日常饮食中加入木瓜蛋白酶、南瓜、菠萝并不起作用。跟狗说"不许吃"也没用。有用的办法是训练狗"来"（参见128—129页）和"放弃"（参见143页）。还可以训练狗讨厌便便。

　　例如，如果狗来到猫砂盆前并将其视为甜点，你可以求得宠物医生的帮助，用注射器往一些猫便便里注入安全但不好吃的味道，如辣椒酱、苦味剂等。大多数狗吃了处理过的便便后就不会再吃了。

*对狗有诱惑力的猫砂盆。*

# 恐惧的表现

## 恐惧的表现

恐惧是一种自然的、潜在的求生行为，是动物生存的核心。初生小狗基本上没有恐惧感，但在2个月左右大的时候，它们会表现出恐惧。恐惧是心理上的。身体中化学物质的变化会引发各种恐惧的表现，例如瞳孔放大或者浑身发抖。恐惧感会引发狗的各种行为，其中最常见的就是撕咬。由于恐惧是我们和狗共有的一种深层情感，通常我们很容易分辨出它们恐惧的外在表现：

- 喘气或呼吸变浅
- 浑身发抖
- 牙齿咯咯打颤，有时伴有流涎
- 嘴角往后咧
- 尾巴夹着，屁股后坐
- 瞳孔放大
- 躲到你的腿后
- 藏到家具下面
- 像雕塑一样僵住（行为学家称之为"保守行为/放空状态"或者"习得的无助"）
- 想让你抱，或者往你腿上爬
- 试图逃跑
- 吠叫
- 撕咬
- 抖毛（这就是为什么宠物医生的检查台上会有很多毛发）
- 对触碰更加敏感（所以，宠物医生为紧张的狗打针要比为放松的狗打针更难）
- 心跳加快
- 对声音更敏感
- 没胃口（所以，紧张兮兮的狗会拒绝宠物医生给的点心）

每只狗都会有某种形式的恐惧性行为。那些小时候没机会接触陪伴我们生活的各种声音、事物和气味的狗，更容易有各种各样的恐惧表现。然而，即使是社会化最好的狗也会有意料之外的恐惧。每次烟雾警报器响了，我家的狗梅子都会躲到厨房桌子下面。狗表现出轻微的恐惧和害羞，如后退或是担忧的眼神，是很常见的。问题是有些情况会引起狗恐惧性的攻击。很多狗都会因为恐惧和其他形式的攻击行为而防卫性地吠叫或撕咬。

### 我们让恐惧变得更糟

你带着狗来诊所找我，狗躲在你身后。为了安抚狗，你柔声跟狗说话，轻轻拍它，告诉它不要害怕。这些都是我们里面的"妈妈"自然而然的动作，但在狗眼里，我们却是在奖励它的这些恐惧性的行为，告诉它这些行为是没有关系的。

我们很容易不小心就加强了狗的害羞、忧虑或者胆怯的行为。我们用意极好，但是却感到奇怪，我们跟狗说了别担心，为什么狗还会继续畏畏缩缩或者惊恐万分。事实上，我们不恰当的回应是雪上加霜。

### 任何事都可能引发恐惧

恐惧或害羞的狗会因为陌生的环境、孤单或者没有占主导地位，就会紧张万分。有些事，比如让狗在反光地面走路，会让狗很容易受惊吓。打雷或者放鞭炮的响声，甚至是吵架争执的声音，都会引发狗恐惧性的行为。我知道有些狗害怕洗衣机滚筒的转动声，害怕飞机飞过头顶的声音，报纸扔到信箱里的声音，木柴燃烧时的噼啪声或者吸尘器的声音。务必找出恐惧性的行为背后的合理因由。找出恐惧的源头后，还要采取一个解决恐惧问题的计划。从合格的行为训练师那里寻求帮助（参见125页），他们可以根据你的狗的情况，定制纠正训练计划。

### 面对恐惧

在面对恐惧时，狗逐渐发展出这些防御性的行为。消除狗的恐惧的最好方式，是把狗带离诱发它恐惧的环境，或者清除让狗觉得恐惧的声音、东西、气味等。确保你的狗是安全的。如果你认为恐惧会让狗逃离让它害怕的东西，就要给狗拴一根长绳子。给狗"安静的时间"，让它的身体和精神都得到放松。要是狗无法放松，鼓励它做一些安静的动作，比如啃咬洁牙骨。总之，活动要安静，可以带着狗在安静的地方散步。

*一只紧张或胆怯的狗，在吠叫或咆哮前，总会退缩到一个安全的地方，或者是退到它熟悉的人身边。这种时候，安慰它只会强化它的恐惧感。*

老布问答

宠物医生开出的抗焦虑药，如百忧解（氟西汀）和氯定（氯丙咪嗪），能够治愈狗的恐惧和焦虑吗？

不能。没有神药可以治愈狗的紧张、焦虑、恐惧或者羞怯。我见过一些狗，它们吃了这类抗焦虑症的药之后，变得更具攻击性，而对那些让它们胆战心惊的声音或东西，只要遇到，它们仍然害怕。

抗焦虑药在治疗狗的恐惧的最初阶段有时可能会有些作用。但是，这些药应该只有在有处方权的宠物医生以及有经验的训犬师的联合监督下才能使用。

*用家用绳让你的狗从家具下面爬出来。*

当你的新狗不再害羞或恐惧时，增加它自由奔跑的时间。这时要当心出现任何可能会让它恐惧的事物——小孩子，其他狗，某种景观，或者声音——并避免让狗接触。

## 克服恐惧

好的训犬师会帮你找到一种办法，克服狗的某些恐惧。不管让狗恐惧的情况是怎样的，克服恐惧的办法都是用一种结构性的步骤来帮助狗。你的目标是要在狗恐惧的时候奖励狗别害怕。例如，当你的狗因为见到别的人或者狗而恐惧时，狗和他们之间的距离就是一个决定性的因素。你可以先让狗站在一个它认为安全的距离，然后慢慢缩减这段距离。如果狗是害怕声响，那就找到狗能容忍的最小的音量，然后慢慢加强。对狗的镇定表现要加以表扬。这种克服恐惧的方法一般在1个月内就可以奏效。

## 恐手症

恐手症在被救援的流浪狗中很常见。大家通常认为，这是由于狗以前被打过。这当然是某些狗的遭遇，但也有相当数量的狗是因为它们从来没有被人抚摸过。它们也就没有学会信任人的手。

要是你收留的狗有恐手症，避免抚拍它的头部，也不要沿头部向下抚摸。这两种动作都是很亲密的举动。相反地，你要蹲到它的高度，开始的时候避免跟狗眼神接触，只给它喂食。千万不要抱狗，并且你的动作要轻柔而温和。你最初应该只触碰狗的胸部或者下颚。对于小狗无惧的表现，可以用肯定的语气和更多的食物加以奖励。

## 恐声症

汽车发动的声音，载重卡车装车卸车的声音，打雷声，小孩子的尖叫声，大人的嚷嚷声，总之，狗的世界充满了出乎意料、莫名其妙、让狗心惊胆战的声音。年龄更大的狗可能已经有恐声症，但实际上随着年纪的增长，很多狗都会出现恐声的行为。

你的小狗可能现在对雷声无动于衷，但是以后可能会恐惧雷声。虽然搞清楚狗的恐声症的原因很重要，但更为重要的是，我们该怎么办。恐声症非常普遍，当你训练狗去熟悉嘈杂声的时候，你可以上网去找诸如雷声和鞭炮声的视频和音频，也可以从宠物医生或者亚马逊网站购买。最好是买那种带有行为学家或者宠物医生所写的使用手册的录音制品，你可以知道怎么正确使用录音。当各种令狗恐惧的声音响起来的时候，如果狗没有表现出恐惧，一定要给狗奖励。

如果狗害怕打雷声，你要在雨季开始前一个月就开始训练狗克服恐声症。整个训练计划至少需要3周，一般是6周，才能有效地消除狗对雷声的恐惧。

## 因恐惧而撕咬

我儿子的拉布拉多犬（参见20—21页）英卡，是在一个相对孤单的环境中度过她生命中的第一年的。她生活在一个小岛上，岛上只有2只老迈的边境牧羊犬（参见54页），每次英卡想要靠近它们，她就会被咬。英卡由此学会了热爱所有的人类，但是对其他的狗却充满恐惧。当她从岛上回到城里的时候，她被周边其他的狗吓坏了。如果有其他的狗靠近她，她会先畏缩着服软，然后掀起嘴唇，露出一副要撕咬的架势。她不再被动地等着被咬，而是主动出击，成了一只潜在地因恐惧而撕咬的狗。这时需要对她做一点特别的训练。当别的狗靠近她而让她受惊吓的时候，可以扔玩具出去，让她叼回来。绝对不要强迫一只狗去接近让它感到恐惧的东西，尽管对你而言这是出于善意。如果你的狗因为恐惧而撕咬，不要只依靠某本书的建议。带上狗到宠物医生推荐的训犬师那里寻求专业帮助。

用手喂食那些天生对手胆怯的狗。

# 有攻击性的狗

狗的攻击性行为就跟人类中的攻击性行为一样常见，并且攻击性是无法"治愈"的。你的新狗的攻击性有多强，受到很多因素影响：狗父母的遗传基因，狗妈妈和育犬师是怎样抚养小狗的，小狗和兄弟姐妹之间的相处状况（早期生活环境），你是怎样训练的（早教），小狗的生活经历，生理和心理的健康状况，甚至包括饮食习惯。各类攻击形式都有许多不同的触发因素。如果你能了解狗发出威胁和使用暴力时的动机或当时的状况，大部分的攻击行为都可以通过早期学习和合理训练而得以管理和控制。

## 医疗因素

### 疾病与攻击性

牙病、发情、发烧、疼痛、内分泌紊乱（如甲状腺激素变化）以及狂犬病等，都能诱发狗的攻击性。有些药物也能成为诱因，例如抗忧郁药、镇静剂、治疗小便失禁的药、晕船药，甚至肾上腺皮质类固醇。如果你的狗突然有莫名其妙的攻击行为，请听取宠物医生的意见。

## 攻击的过程

狗会利用各种身体姿态来避免公然的攻击。只有当这些明显可见的"身体语言"不起作用的时候，狗才会撕咬。行为学家描述了一个逐步升级的"攻击阶梯"。狗在开始撕咬前通常都会经历这个过程。

一般来说，狗会停下，瞪视，瞳孔放大，呼吸急促，低声吠叫，抬起一侧嘴唇露出犬牙，咆哮，尖叫，前扑，吼叫得更大声，露出双唇显示整排牙齿，最后是撕咬。不幸的是，有些狗会略过一些步骤、甚至大部分的步骤，瞳孔放大后就直接开始发起攻击。

别相信你的狗的攻击行为会像教科书描述的那样。警惕任何意想不到的攻击的细微征兆，通过分散狗的注意力，改变狗身体的方向来进行控制。

*攻击性就和吃饭睡觉一样正常。有教养的狗通过早期的学习和训练来控制与生俱来的攻击行为。*

*戏弄性攻击在狗嬉戏时很常见，这也是它们试探彼此的方式。*

## 攻击的类型

要弄明白你的狗为什么会发起攻击，就要理解攻击行为和动机之间的关系。

羞怯或恐惧可以诱发"先发制人"或"防卫性"的攻击行为（参见160—163页）。这种情况会令人头痛。在光谱的另一端，胆大自信的狗则是"进攻性"攻击。它们会主动挑衅其他狗，通常是同性别的狗，或者为了竞争谁先获得自己主人的注意而打斗。

在公狗争霸以及母狗打架上，性荷尔蒙都是关键因素；但是对家畜和其他动物的攻击则源于狗与生俱来的捕猎本性。有些狗因为受挫而变得有攻击性，特别是在进行激烈的比拼游戏时；另一些狗要么是被训练得有攻击性，或者是天生具备更多的潜质，能够发展出特别的攻击行为。比如，有一种争霸性攻击被称为"狂怒综合征"，最常发生在红色可卡犬身上（参见24—25页），却从未发生在杂色可卡犬身上。

## 攻击其他狗

居家攻击通常发生在同性别狗之间，特别是母狗之间，而少见于异性之间。母狗打架通常比公狗打架更凶。打架一般由年纪小些的母狗挑起，尤其是如果她已经成年，但刚刚来到这个家。

攻击外面的狗的情况会比你预计的少。我的诊所位于两个热闹的公园之间，两个公园占地有308公顷（760英亩），在这里狗可以不拴狗绳，自由玩耍。如果狗之间有严重的打斗，我应该可以看到落败的那一方，但是好像每7周才会出现一例。研究者对印第安那波利斯的狗公园（狗被允许不戴狗绳玩耍）里狗之间的打斗行为进行了更科学的研究，结果表明，狗群发生撕咬的情况相当罕见，狗和照顾狗的人也很少有风险。

不要只在遛狗的非社交时段才去处理狗的问题。狗是群居动物，需要其他狗的陪伴。专业帮助可以在几周内解决大多数问题。

## 攻击人

攻击行为是最常见的带狗来咨询行为专家的原因。这并不是说，攻击行为是狗最常见的问题，而是说，狗主人最担心的是狗的攻击行为。在家里，狗会因为想要避免"消极之事"而变得极具攻击性。当狗觉得，"我

不喜欢别人把我的东西拿走"，"我不喜欢别人分享我的食物"，"我不喜欢那个孩子把我抱起来"，"我不想离开这儿"，这种时候，狗会想要采取威胁或撕咬的手段。这被称为"回避性条件反射"。狗知道攻击有作用，可以阻止"消极之事"发生。

这不是争霸性攻击。和你在别处所了解的不同，为争夺动物群体的领导权而有的争霸性攻击，尽管会在狼群中发生，但是绝少在家养的狗身上发生。狗的攻击行为可能是因为你拿

*年长、个头大或者凶狠的狗，一般会想欺负年幼、个子小或怯懦的狗。要在早期就训练狗不要因为抢东西而攻击，尤其不要争食物和玩具。*

了它的东西，或者它不喜欢你的处理方式，但不会是因为它想取代你在家中的领导地位。

## 狗咬人与儿童

根据欧洲"居家和休闲事故监视系统"报告，14岁以下的儿童（特别是男孩）是最容易受到狗伤害的；伤害一般就是指被狗咬伤。年长的人通常被咬在手臂或腿上，而年幼的儿童则通常被咬在头部或脸部。在美国，

被狗咬伤是非常严重的儿童公共健康问题。

较之年长的儿童，年幼的儿童会被狗咬得更严重，因为他们更喜欢盯着狗的脸看，他们也更喜欢抚摸或拥抱那些迷人的宠物狗，但是他们颤颤悠悠的动作可能会让狗害怕。

多数被狗咬伤的情况发生在儿童缺乏监护的情况下。永远不要把幼儿和狗单独放在一起。有一些帮助认识狗类的教育节目，诸如www.thebluedog.com或者www.doggonesafe.com，在教儿童怎样与狗相处上非常出色。

## 惩罚管用吗？

惩罚是让狗在心理上明白谁是老大，对惩罚时机的把握非常重要，但实践起来极易出错。当惩罚是断断续续时，对狗来说就会产生情感上的矛盾。狗会想，"我爱你，但你吓着我了。"在狗眼里，你成了一个前后不一致的人，对它有威胁。所以不要使用惩罚。如果你的狗显示了任何攻击倾向，请那些运用积极强化训练方式的训犬师帮忙。在训犬师的控制

### 老布问答

**攻击性是遗传的吗？**

就部分而言，是的。这种相互攻击的倾向在某些犬种中的遗传性很高，比如德国牧羊犬（参见22—23页）、腊肠犬（参见38页）、斯塔福犬（参见32页）和罗威拿犬（参见42页）。美国的研究表明，在牧羊犬或不喜欢运动的狗中发生家庭内互相攻击的频率高于平均值，但在玩赏犬和运动犬中则相对较少。出了家门，在公园里，㹴犬比其他犬种更喜欢与其他的狗打斗。狗的这种基因特性是否能显现出来，最终取决于狗是和谁一起生活的。基本的原则就是，对于狗的攻击性而言，教养重于天性。狗是否会发展出不同形式的攻击行为，取决于你是怎么教养狗的。

下，某些场景下或许可以使用惩罚手段，但不是为了施予痛苦，而是为了产生戏剧化的、出乎意料的效果。

### 老布贴士：预防狗的攻击性

- 绝对不要以暴制暴，那只会让事情恶化。
- 鼓励狗在早期就学习和不同的人、狗和其他动物相处。
- 在小狗出生后最初12周内，确保小狗置身于各种复杂的自然和社会环境中。
- 对新加入你的家庭的成年狗，用"狗奶嘴"来帮助它从犬舍过渡到你的家，这包括玩具，随时可用

的舒适的窝，甚至是从宠物医生那里开的人工合成的犬镇静激素。
- 训练狗控制自己的脾气，要镇定，要服从。
- 训练所有和狗互动的人要保持行动一致，不要让狗觉得捉摸不透。
- 避免任何潜在的咬伤风险。如果看到存在任何攻击的风险，要为它戴上口套。
- 尽早寻求专业人士的帮助。

# 顽固的狗毛病

当生活中出现令狗激动的机会，比如和一群人玩球或参与在公园里的家庭野餐，一些小狗就会忘记受过的训练。年纪大的狗可能原来就有不良行为，最常见的是扑跳、拽狗绳或兴奋地狂叫。在这些情形下，训练变得更加复杂，因为你需要消除狗的不良行为，而不是简单教它怎么做。去掉陋习比学习新东西更难。矫正行为问题通常比基础训练需要更多的时间和耐心。不过，在富有经验的训犬师的指导下，不良行为肯定可以减少，甚至很多时候能被根除。

## 当你的狗有问题时

### 不要隐瞒

当你发现自己对别人说你的狗"不是特别喜欢孩子"或者"害怕被人用手碰"时，你的狗已经有潜在的问题了。防患于未然。你的狗不会自己解决问题，事实上当狗的行为变成习得反应后，纠正起来就更难了，所以要马上处理。听取聪明的训犬师的实际建议。

## 持续的不良行为

如果你的狗喜欢拽狗绳，温习一下怎样让狗跟着你（参见136—137页）。有些狗用力拉拽是为了挣脱脖子上套的项圈。如果是这样，一个合身的专业箍头套（参见151页）可以帮你找回控制权。因为你不必和狗进行体力对抗，就可以让狗脑袋转向。

当松开了狗绳的狗在公园里试图加入其他人的活动时，温习一下召回训练（参见128—129页）。不要急着松开狗的长绳，一定要百分百确定它能被召回才那么做。

如果存在扑跳问题的话，你的狗需要更多的训练来克服这个习惯（参见138—139页）。确保你和家人对狗扑跳的态度是一致的，避免狗扑跳时把关注狗作为对狗的奖励。的确，重新回到基础训练是挺让人恼怒的，而且矫正这些不良行为的时间或许要比你想象的更长。

*如果你的狗不愿意放弃捡回的玩具，不要用力去夺，用更吸引狗的东西去交换，比如肝点心。*

当你发现狗持续出现不良行为时，寻求专业帮助和建议是最好的方法，这有助于减少行为矫正的时间并减轻你的挫败感。

## 恼人的吠叫

一般来说，小狗比大狗叫得凶。但是随着狗的长大，不管狗的体型大小，过度的吠叫就成为恼人的事情。

大多数狗吠叫是因为无聊或兴奋，而不是因为他们有攻击性。这听起来有点怪异，但训练狗停止吠叫的最有效方法就是先教会狗"说话"（speak），让狗根据命令发出叫声，然后闭嘴。

如果你的狗是在听见门铃响的时候吠叫，给它发出"说话"的命令，然后让人按门铃，让狗听见铃声就叫。一旦狗安静下来，就给予奖励。如果你的狗是在跳进车里，听见引擎发动的时候吠叫，找人扮演司机，做同样训练。经过不断重复，即便没有门铃声或引擎发动声，听到你的命令"说话"，狗就会叫。现在，狗已经学会听命令叫，下一步就是听命令安静。

在门铃响或上车的时候，不要试图进行"安静"（quiet）训练，因为那时候狗太兴奋。在狗平静的时候，发出"说话"的命令，给予口头表扬。然后发出"安静"的命令，并将这个命令与口头表扬联系起来。

交替训练狗"说话"和"安静"这两个命令，直到狗能正确反应，然后在可能引起狗过度吠叫的情况下，使用这两个命令。现在你可以让狗安静，而不是责怪它太吵人了。

## 最常见的问题

拽拉牵狗绳是最常见的问题。如果你的狗一直这么做，或者重拾了这个恶习，记得要不断告诫它，这种行为永远不会有作用。如果你允许狗拽绳子，让它按自己的意愿行走，你就是无意间在训练狗拽拉了！

每一个遛你的狗的人都要保持一致，要很坚定，一旦狗拽拉狗绳就立即停下。要是你行程紧张，就更需要给自己留有额外的时间。

用短些的牵狗绳，让狗只走在你前面几步远。一旦感觉绳子被拉紧了，就停下。如果狗还在拉，就喊它的名字，晃动绳子引起它的注意。诱导狗回到你身边，走到正确的位置，给予奖励，然后继续上路，并奖励它没有拉紧绳子。

快乐的狗喜欢向我们脸上扑跳，用嘴咬衣服，这既是嬉戏，也是为了得到我们的关注。通过训练可以控制这些行为。

第五章

狗健康篇

# 身体检查

狗不会抱怨。它们不会活在过去或为过去懊悔，它们只活在当下。这使得狗成为我们最好的伴侣，但也意味着狗全靠我们去留意它们外表或者行为上的变化。狗的痛苦和人类的痛苦一样常见，但狗不会哭喊，除非真是痛极了。你要做一个狗观察家。观察你的新狗，了解狗的习性。训练它允许你把它抱起来，给它做全身检查。这个训练对你和狗而言都很有趣，你的狗做检查有助于它保持良好的健康，加深你和狗的关系。你可以在问题很小、更易处理的时候，就发现问题。

### 触摸你的狗

让狗习惯在家里被你触摸。这就是说要训练你的狗，让它允许你检查它，触摸它的爪子、鼻子，一直到屁股。每周至少做一次从头到尾的例行检查。

如果狗身上有一部分不让你碰，那就在喂食前触摸一下。狗知道当你触摸那个地方，如果它表现乖乖的，就能得到食物奖励。如果你有一只小型或中型的狗，并且是在家里牢固的桌子上对它做检查，那么最好在桌子上铺一块橡胶浴垫。这会让狗觉得比躺在光滑的表面上更安全。

让狗习惯于在家里、在你的控制下被触摸，这样，如果有陌生人，例如宠物医生、美容师来的时候，就比较容易触摸和检查它了。

### 检查眼睛

用湿润的棉花棒来清洁眼角隔夜留下的眼屎，看看有没有意外的流泪、肿胀或炎症。结膜炎是一种眼部薄膜的炎症，可能引起红肿、水样或黏液分泌物。当发炎的时候，分泌物会变成黄绿色，这需要去看医生。结膜炎也可能是过敏引起的，有时候会伴随打喷嚏和瘙痒。

检查耳道里面，看看是否有炎症或异味。

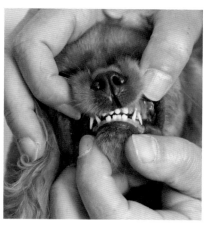

这只小狗的成年门牙已经长出来了，但乳牙还在。

眼睛清澈明亮，没有炎症或分泌物的迹象。

## 检查多毛的耳朵

检查耳部是否发炎，是否有异味、分泌物或耳垢。对于耳部多毛的狗，每天用你的手指（蘸了滑石粉有利于抓紧）或小镊子拔下一点毛发，做完以后立刻给狗奖励。

如果你触摸到狗耳边缘或耳道时，狗突然剧烈摇头或尖叫，可能是有异物在里面，比如草籽。耳道非常长，那些小东西很可能在脑袋晃动前就滑进去看不见了。所以，你当天就要带狗去看宠物医生，把耳中的异物取出来。临时在狗耳朵里滴一点橄榄油，可以减轻狗的痛苦。

## 检查肛门和阴部

肛门部位应该干净无味，没有分泌物或炎症。如果发现任何阴道分泌物，要立即联系宠物医生。

狗不喜欢被人检查屁股，这个部位可能也是狗身上你不太愿意检查的，但重要的是这个部位和身体其他部分一样，要干净而健康。通过食物奖励，让狗习惯于你可以抬起狗尾巴检查肛门部位。皮肤和周边毛发应该是干净而且无异味。对于那些过度舔自己屁股或拖拽屁股的年龄大的狗，要特别注意肛门两边的皮肤。狗的肛囊（参见右边图片）可能会感染或溃烂。初期的时候，肛囊上部、左右两侧的皮肤下会感染或肿胀。如果肛囊有溃疡，在破裂的地方会有分泌物或结痂。

年龄大的公狗（有时候也包括做了绝育的母狗）可能会有良性肛门肿瘤。戴上一次性手套，偶尔检查一下肛门皮肤下是否有硬块。如果发现异常，请联系宠物医生。

年龄大的公狗还可能发生睾丸癌。时常检查睾丸是否对称光滑。如果感觉两个睾丸不一样或者一个变大了，就要去看医生。

对母狗要例行检查外阴和周边皮肤。阴道口应清晰可见，没有分泌物，周边皮肤干净而且没有污物。有些小狗，特别是拳师犬（参见33页）和巴哥犬（参见36页），大腿肌肉强劲，两腿间的外阴天生就很小，甚至根本就看不见。这类狗很容易感染"早期阴道炎"。当狗初潮时，体内会自发产生分泌物刺激素，让阴道变大。如果你看见厚厚的毛发污物或分泌物，或难闻的气味，请联系你的宠物医生。

## 抱起狗

不要试图独自抱起巨型犬，例如大丹狗（参见43页）。那是两个人的工作，一个抬起前爪，一个抬起后爪，这样狗身体的肌肉部分才可以承

## 拖拉屁股

### 肛囊

体内有蛔虫的狗很少会在地面拽拉着屁股走路，但是肛囊堵塞的狗会。肛囊在肛门两侧的皮肤下面。每次肠胃蠕动排便后，肛囊挤压在粪便上，沾满"每日新闻"，被其他的狗"阅读"（闻嗅）。肛囊堵塞非常不舒服，可能导致痛苦的脓肿。

戴上一次性手套，用拇指和食指挤压肛门两侧，从4点和8点钟的位置开始，在3点和9点钟的位置结束，这样可以清空肛囊。挤出来的分泌物对我们来说非常恶心，但是对狗来说是无与伦比的美食。

肛门部位，包括周边毛发，应该干净而无异味。

## 老布贴士：狗毛上的异物

修剪狗脚趾间的毛发（用钝头剪刀向后修剪），以防止草籽沾在上面，从而让草籽刺入皮肤。要清除狗毛上的植物毛刺，可以在毛刺周边抹上一点点食用油，或者喷上食用油，这样做效果很好。有时这对清除粘着在牙齿上的口香糖也有用。

别往狗毛上涂抹去漆剂或去油剂。对毛上的水溶性油漆，可以用婴儿洗发水这类温和的洗涤剂清除；或者剪去染漆的部分。而鱼钩之类的，就留给宠物医生解决吧，除非你能很容易剪断鱼钩，并从断裂处把鱼钩摘掉。

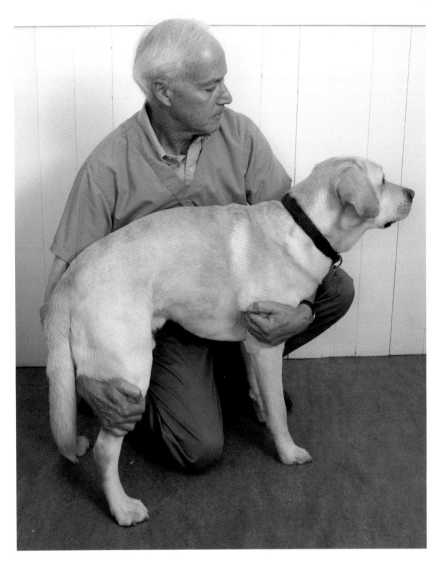

*手臂环绕肩膀和臀部，可以让狗舒服，也能控制它扭动。*

可能的变化包括：不太有兴趣和你玩或待在一起，休息或睡眠时间延长，黏人，突然发怒，变得迟钝，不喜欢训练，害怕或躲起来，不喜欢被触摸，过度兴奋或者茫然不知所措。

### 观察狗的动作

观察狗在活动或移动中的任何变化，例如异常气味或呼吸变化。如果发现任何异常的呼吸，例如气喘、呼吸困难、呼吸沉重、呼吸急促、浅表呼吸、不停地喘气或呼吸极度缓慢，就要立刻联系医生。

如果发现你的狗步伐蹒跚或摔倒了，或者腹部肿大，或者想要大小便却办不到，立即带它去看医生。如果你的狗不停地兜圈圈，找不到舒适的位置，对光、声音和触摸反应过度，烦躁不安，反应迟缓，或者很难站起来或躺下，或者身上某处突然出现肿块，一定要当天去看医生。

受狗自身的重量。一个人可以用一只手臂在狗的胸部下提供支撑，但是要避免抱举柔软的腹部，那会让狗很不舒服，甚至身体会受到伤害。

抱小狗时可将一只手放在臀部，另一只手放在胸部。对中型或大型狗要避免在胸部或下腹部过度用力。可以一只手臂环绕前胸，另一只手臂环绕臀部，将狗的身体拉近你。保持背部挺直，利用腿部力量起身站立。

### 抱着狗

抱狗的时候，让狗压向你的身体，给它安全感。在抱狗前，一定要给受伤的狗戴上口套，因为即便是最温柔的狗，在痛苦时也可能抓咬人。

### 观察狗的行为

对狗来说，生活就是一系列的常规之事。任何非常规的东西都应该让你警惕，是否哪里出了问题。

## 测量体重

### 怎样为体重大的狗称重？

很多宠物诊所在前台接待处有称狗重量的磅秤。要是你家里没有，或者你想要给一只中型或大型狗称重量，那就把狗抱起来，你们两个一起在家里浴室的磅秤上称重，然后你自己上磅秤称重，两个重量相减，就是狗的重量。通过常规测量，可以观察到狗体重上的细微变化。

## 从头至脚的全身检查

对狗做例行检查，用手抚摸其全身，察觉是否有肿块、发热、毛发粗糙、黏涩，或它对你正在进行的检查感到任何痛苦或恼怒。这种简单的检查只需要2分钟：

**1**. 用手抚摸狗的头部、脸部、喉咙和颈部。

**2**. 将它头部上下左右转动。如果狗抵抗，可能是感到痛。

**3**. 用手抚摸狗的背部、两侧、胸部、前肢，不时分开毛发看看。皮肤应该是干净的，很少皮屑，甚至没有皮屑。

**4**. 用手抚摸狗的臀部、大腿、腹部、腹股沟、后肢，应该感觉到对称而紧实。未经阉割的公狗，在包皮处会有少量正常无臭的分泌物，被称为阴茎垢。

**5**. 检查肛门部位，母狗的外阴和公狗的睾丸，以及尾巴。这些部位应该都是干净的，无味且光滑。

**6**. 伸展四肢。应该没有抵抗。如果你的狗试图把腿放在地上，那里可能是有伤痛。

**7**. 检查脚、脚掌和趾甲。

*观察日常行为。如果尿频，报告医生。*

## 狗的体温

狗的体温通常比我们高，一般介于 37.8 ℃（100.5 ℉）至 38.9 ℃（102.5 ℉）之间。千万不要试着测狗的口腔体温，如果狗强烈反抗，也不要进行肛温测量。最好使用带有一次性的测量头的耳温枪给狗测温，这样全家人可以共用一支耳温枪。狗的耳温通常会比肛温要低一些，但狗体温上升还是测得出来的。

狗的体温如果低于 37 ℃（98.6 ℉），就要做好保暖并立即带去看宠物医生；

*电子体温计不贵，精确又好读。*

而对于发烧的狗，体温若高于 40 ℃（104 ℉），就要降温，并立即带去看医生。

# 美容维护和日常卫生

给狗洗澡好处很多。如果你的狗喜欢跳跃，洗澡前套上尼龙狗绳。

### 皮肤和毛发护理

狗的皮肤和毛发可以反映一般的健康状况。暗淡无光的被毛、油腻或有皮屑的皮肤可能预示内科问题。如果发现这些变化，一定要去看宠物医生。

要让狗习惯于每天检查皮肤和毛发。检查皮肤寄生虫，特别是跳蚤和虱子。

灭蚤用品可以很好地预防跳蚤，但即便是最好的灭虱产品也不一定能解决虱子问题。虱子通常只存活36个小时，但是如果在日常检查中发现了虱子，请用镊子或除虱器进行清理。跳蚤善于隐藏。如果狗身上有黑亮的"大衣灰尘"，那就是跳蚤出没的迹象。

### 梳理短而丝滑的毛发

像巴哥犬（参见36页）或法国斗牛犬（参见29页）那种短而光滑的毛发是很容易清洁的。用硬毛刷或软皮刷，至少每周一次梳理狗的全身，这可以清洁毛发，刺激皮脂腺，按摩肌肉。有些犬种，像约克夏㹴犬（参见34页）和马尔济斯犬（参见49页），有长长的丝滑的毛发，但是没有保护性的贴近皮肤的短毛。在给它们梳理时要特别小心温柔，避免让刷子的尖头刮伤皮肤。每天要梳通打结的毛发，先用刮毛刷，再用硬毛刷和梳子。毛发尾梢不干净的地方，可以用剪刀每个月修剪一下。

## 洗发水和护发素

根据狗毛的类型和状况选择洗发水。一条基本的原则就是，低泡沫的婴儿洗发水是最安全、最简便的。其他洗发水都是针对特殊问题的，尤其是搔痒的皮肤。

| 洗发水类型 | 目的 |
| --- | --- |
| 护理 | 适合除刚毛外所有毛发类型，它会软化刚毛 |
| | 减弱皮肤的敏感性，从而减轻搔痒 |
| 含燕麦和芦荟 | 舒缓肌肤，减轻搔痒 |
| 低过敏性 | 一般不含香精和色素 |
| 增强型 | 保持表演犬的颜色 |
| 干燥型 | 撒到狗身上并用刷子刷去的粉末 |

无刺激性的洗发水，海绵和狗用毛巾。

## 梳理刚毛

用刮毛刷或硬毛刷，至少每周2次将全身毛发刷一遍。刚毛可能会长得又厚又密，所以要用开结褪毛梳打薄过多的毛发。这种梳子在宠物商店有售。不要用护发素护理刚毛，以免发质变软。有一些特别的洗发水可以维持粗硬度，促进刚毛生长。如果有狗狗美容师懂得怎样修剪刚毛，用手清理落毛，那就每年到那里进行3至4次的专业脱毛清洁。

## 梳理短而浓密的毛发

拉布拉多犬（参见20—21页）有短而浓密的毛发，梳理柔软但很厚、起隔热作用的底毛要特别当心。用刮毛刷至少每周刷2次。在狗褪毛期间，帮狗刷毛可以更快地去除落毛。用硬毛刷清理大部分落毛，最后用细齿梳收尾，特别小心处理在尾巴和颈部的厚毛。

## 梳理长而浓密的毛发

像金毛猎犬（参见26页）那类长而浓密的毛发需要更多的关注。刮毛刷可以清理死结，尖头刷可以梳通最浓密的部位。

腿部、胸部、身体后部和尾巴处的长发（绒毛）需要梳理，多余的绒毛部分需要每月修剪一次。

## 给狗洗澡

狗的气味来自唇部和口腔（唇褶感染、牙龈感染或者呼吸中的气味），或来自胃肠气（消化道病菌形成的气体），或身体的皮肤。保持皮毛防水的天然油脂也会有特殊的气味。当有过量油脂时，皮肤细菌大量繁殖而改变体味。如果狗闻起来有味道，就要给它洗澡。早点开始训练给狗洗澡，并且为了更好地控制狗，可以用可清洗的尼龙项圈和狗绳，以防止狗从洗澡的地方逃脱。

用绒布毛巾或者调到最低档的吹风机帮狗弄干毛发。

*指刷比长牙刷好用。*

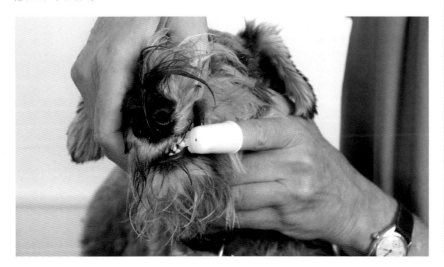

### 检查口腔、牙齿和牙龈

狗的呼气其实没有味道，但是因为很多狗的牙龈疾病未得到重视和治疗，许多狗主人误认为狗嘴里的口臭是正常的。预防"狗呼吸味"或"死亡呼吸味"并不仅仅是美学问题。牙龈疾病要尽早治疗，以防止感染身体的其他部位，并导致更复杂的问题。

例行检查狗的口腔、牙齿、牙龈，看狗是否有特殊口臭、牙龈上火或者不正常的颜色。为预防牙结石，要给狗刷牙，用牙刷或橡胶指套清洁牙龈。不要使用人用的牙膏，因为人用牙膏泡沫多、味道太强烈。市面上有可口的犬用牙膏。

**1.** 让狗闻闻食物，然后掀起它的上嘴唇，洗刷牙龈周边的牙齿。如果狗没有挣扎扭动，奖励食物。

**2.** 同样的方法清洁下牙部分，奖励食物，然后清洁上牙和下牙的侧面。

**3.** 集中清洁上牙的后部，这是结石最严重，也是牙龈侵蚀最厉害的部位。

**4.** 如果牙垢刷不掉，或者刷牙后口臭没有立即消失，又或者刷到某个部位时有特别难闻的味道，那就要联系宠物医生了。

*狗专用牙膏有香味，没有泡沫。*

# 选对兽医

听起来可能有点奇怪，但是作为宠物医生，我也经常选择兽医，要么是作为同事和我一起工作，要么是请他们为我的狗看病，因为有些特殊的技能我不具备。当选择兽医合作时，我关注的不仅仅是技术问题。不错，我需要一位有丰富门诊经验，懂得合理诊断方法，具有出色外科手术技巧的医生。但是，我也需要一位超级热爱狗，对狗和狗主人有同理心的医生。我知道这令人觉得有点儿过分。当我选择兽医时，决定性的问题是，我是否可以放心地把我自己的狗交给他们。

## 老布问答

**兽医名字后面的字母是什么意思？**

通常兽医名字后面的字母越多，代表取得的证书越多。解读专科兽医名字后面的字母不太容易。例如，ECVIM 代表获得欧洲兽医内科医学会的会员资格；ACVIM 是北美的会员证书；Dipl Clin Vet Stud 是澳大利亚的会员证书。因为兽医的流动性很大，你在世界任何地方都可能遇见有资格证书的兽医。

## 兽医分类

很久以前，兽医是什么都看的多利德医生（Dr Dolittles），大小生物的毛病他都能看。我也很希望成为那样的万能医生，但在现代医学的现实世界里，那种全能医生只是虚幻的梦想。在一些地区，兽医仍然同时照看家畜和伴侣动物，但即便是这样混合型的实践，通常也会有一个宠物医生专精于猫和狗的治疗。

更典型的是，你会遇见小动物宠物医生，专门治疗伴侣动物：猫、狗、兔子、其他带毛的动物，以及鸟。另外还有"XX专科"医生，就是在特定领域经历更多培训的兽医，比如皮肤病、心脏病、神经科、眼科等领域。一般的兽医，像我自己，擅长诊疗我们常见的大量常规性病例。

*了解你的宠物医生的行医初心是什么。你的狗是一个个体，而不是一个"病例"。*

护士的质量和宠物医生的能力同等重要。

因为我在大城市行医，如果遇到疑难病例，我和我的客人有一长串专科医生的名单可供选择。大多数兽医学院都有各项配备齐全的附属医院。

## 选择兽医

在很多国家，宠物诊疗机构分为"公司运营"和"个人运营"，这个分类是从所有权考虑而不是质量。公司类诊所通常有很好的设备配置，较高的员工流动，按既定的业务计划运营；个人运营的诊所在设备质量上千差万别，员工稳定，可以提供个性化服务。

和生活中其他东西一样，价格决定你得到的服务。但是不要误将最便宜的疫苗、驱虫、结扎手术等同于最便宜的医生。在这些常规项目上，宠物诊所通常会为吸引新客户而打些折扣。

## 设备和急救

在你住的地方可能会有不止一家宠物诊所。选择宠物医生的时候，多拜访几家诊所，多提问题。前台是否清洁无气味？可否约个时间看看"后台"，参观一下狗病房、诊断和外科手术的设备？你在诊所觉得舒服吗？狗怎么样——也很放松吗？

问一些伦理问题：例如，为了换肾手术，他们会不会从一只阉割过的流浪狗身上取肾？询问能否推荐狗看专科。任何好医生都会用轻松的态度和你讨论是否需要送狗去看专科医生。

问清楚，如果医生和工作人员不在，你该怎么办。你应该可以一天24小时、一周7天，随时能够联络到医生，即便急救医生在某些地区可能会离得远一些。把设备、地点和费用都纳入考虑因素。诊所与诊所之间的利润不会相差很大。通常来说，你付出多少就得到多少：收费越高的诊所，在人员和设备上的投资就越大。

## 幼犬的健康保险

如果保险价格合理，就买一份吧。宠物保险精算统计表明，在小狗1岁以内，保险公司多数是赔钱的，因为小狗有闯祸倾向，而狗主人还在学习怎样守护新宠物的健康。保险公司通常从狗2岁起开始获利，并持续到狗8岁左右。之后，医疗理赔开始无情地增长。

如果你不想把钱交给保险公司，那就查一查在你居住的地方，你家这种类型的狗一年的标准保费是多少，开一个有利息的银行账号，每年把那部分钱存进去。我后悔没为自家养过的狗这样做。在2个月里，我有2只狗都需要做脑部扫描，加上其他的诊疗费用，每只狗花了几千块！我真希望我按自己的建议去做了！

## 老布贴士：拜访宠物医生

- 别把你自己对要去看医生的忧虑传递给你的狗。
- 如果你或你的狗有些紧张，就将第一次拜访安排在安静的时候，同时为狗带上高价值的奖品。用食物奖励，可以轻松地将拜访医生变成狗向往的活动。
- 别炫耀你的狗多么活泼好动。如果要在桌子上做检查，别让它跳上去。要把它抱上去。
- 除非医生不允许，在检查期间你应该一直陪伴在狗的身边，帮助医生一起控制狗。

# 家庭治疗

除了洗发水，家庭治疗通常还包括药物治疗。我很幸运，我养的狗都是吃货，所以给它们吃药，就好像是给它们奖励一样。如果我的一只狗需要吃药了，它会耐心地等着我从薄膜包装盒里把药片拿出来。另外一只狗听到声响，会加入它的病号朋友，用眼睛跟我说："我也要吃药！"它们知道，药片会藏在面包里，而更美妙的是，吃完了药片还有奖励。对，我是一个宠物医生，每天在诊所，我会掰开狗的嘴把药片放进去。但居家治疗时，要尽量简单。如果有容易的方法，就用那些方法好了。你的目的只是要狗吃药，贿赂一下它也是完全可以接受的。

## 片剂用药

当宠物医生告诉你怎么用药的时候，看起来真是简单，可是当狗回到家里，给狗吃药就变成双方意志的较量。无论狗正慢慢好起来，有更多力气反抗，还是恢复了自信心，但是药还是要吃的，这个非常重要，像救生圈一般要紧。最简单的方法就是，把药藏在好吃的东西里，比如花生酱或

者芝士片。这样做之前先和医生确认一下，因为有些药物不能和日常食品混合。有些生产商可以将抗病毒、止痛、打虫的配方做成味道可口并且可咀嚼的药品。如果找不到这些好吃的药，可以试试这样做：

**1**. 命令狗站或坐。如果狗很兴奋或难以控制，先把狗夹在两腿中间，再让它坐。

**2**. 用一只手掰开狗嘴，让狗的头部往上仰。

**3**. 把药片放进狗嘴里，卷起狗舌头。

**4**. 仍然让狗的头部微微抬着，阖上狗嘴，按摩狗的咽喉部位。

**5**. 狗舔舌头或吞咽的时候，药片就吃下去了。

**6**. 用狗点心来表扬和奖励狗

抬起狗的头部，用一只手掰开它的嘴，让药片落入咽喉。

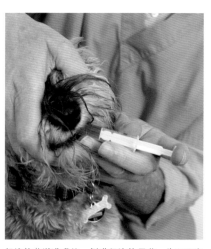

把液体药送进嘴的一侧进行液体用药，为吞咽安全，不要注射到口腔后部。

从狗的身后进行眼部或耳部用药。每次完成后给予奖励。

的好行为。

如果因为狗脸的形状不能用药，或掰开狗嘴实在太痛苦了，请医生给你液体的药物。

## 液体用药

有些药品有液态药水和固体片剂两种。如果采用液体用药，向你的宠物医生要一个注射针筒。一个5毫升的针筒相当于一茶匙的量，可以用来放一些药物，例如止咳剂。

**1.** 将针筒注满，阖上狗的下巴，将针筒开口一端插入狗牙后面的缝隙。

**2.** 轻轻仰起狗的头部，推射针筒，确保药剂慢慢流入狗嘴而不是流在外面或唇边。不要把针剂直接打入咽喉，这可能会不小心呛入气管。

**3.** 允许狗吞咽。

**4.** 表扬狗，并给予奖励。

## 滴眼药或滴耳药

没有哪个狗喜欢在眼睛或耳朵里滴药水或涂抹药膏。在这两种情况下，要用蘸着温水的棉花棒，清除溢出的药水或药膏。

**1.** 命令狗坐。

**2.** 用一只手托住狗的头部，另一只手从狗的身后拿治疗眼睛或耳朵的药水或药膏。狗看不见用药的动作，就不会感到害怕。

使用指甲钳，快速剪去覆盖在粉色肌肤前的指甲。靠近深色指甲部位要特别小心。

**3.** 在狗的上方对眼睛或耳朵滴药。

**4.** 用药后，将狗眼合拢几秒钟，以便让药物在眼睛里散开，或揉搓耳部，让药物润滑耳道里的所有表面。

## 修剪指甲

大多数狗不喜欢剪指甲，但是小狗特别需要定期修剪指甲。老年狗也是如此。无论体型大小，年老的狗不再像年轻时那样运动量大了。

只有当你的狗可以听话地坐着，并允许你处置它的脚爪时，才可以试着剪指甲。如果你的狗不喜欢修理指甲，就只能每天晚饭后修剪一只爪子。宠物医生会告诉你怎么做，虽然白指甲壳里的粉红色肌体很好辨认，但其实大多数狗并没有白指甲。如果不太确信的话，还是找医生助手或宠物美容师帮忙剪指甲。

## 治疗腹泻

狗生来就是要品尝生活的，其结果就是偶尔会腹泻。有些时候，这些由乱吃东西导致的状况，会在36小时之内消失。

如果狗只是单纯拉肚子而没有其他诸如呕吐之类的症状，那就禁食一顿，多休息，多饮水。使用诸如碱式水杨酸铋或高岭土果胶之类的益生菌和止泻药，对狗一般是安全的。慢慢通过小剂量喂食，恢复狗的日常饮食，或者给狗易消化的、温和的食物，例如煮过的鸡肉和米饭。

如果狗不是单纯拉肚子，还伴有出血或者呕吐、昏睡、疼痛等症状，就要马上看医生。

## 老布贴士：温和用药

· 用药的时候不用告诉狗你要干什么。迅速而专业地解决问题。

· 不要把狗叫过来用药，而是走过去。夹住牵狗绳，给药，然后马上给予奖励。

· 如果你需要狗静止不动，治疗前把牵狗绳拴在稳固的装置上，例如暖气管道。避免把狗拴在容易挣脱的桌角边。

· 可能的话，通过狗零食给药。问一下宠物医生哪种零食合适；医生会提供一些易于藏药片的零食给你。

# 家庭护理

意外时有发生。有时候，你需要在狗就医前就在家里对它进行急救。最好的方法，当然是防止意外发生。把尖锐、有毒或有其他危险的东西放在狗碰不到的地方。当家里要举办诸如生日聚会之类活动的时候，这个尤为重要（如果不是我妻子的狗在一次生日会上吞了气球，我可能也不会知道这些）。爪子、耳朵、尾端受伤出血是最常见的意外伤害，需要马上进行处理。

## 危险时刻

**在庆祝活动中避免危机**

· 不要让狗接触有毒的植物，例如冬青、槲寄生浆果、圣诞花、孤庭花、风信子等。
· 不要让狗进厨房：节日期间有太多潜在的意外可能发生。
· 立即处理礼品包装，特别是缎带和很多礼品附带的小包装硅胶。
· 如果你的狗不喜欢巨大声响，确保它不会被节日烟火和鞭炮吓着。
· 避免特殊的食物：任何新食物都可能引起腹泻。
· 对大多数狗来说，一小片火鸡肉就很好了，但千万不要给它火鸡骨架。尖的骨头可能会刺穿肠胃。此外，以下这些食物也可能是危险的：
　—对10千克重的狗来说，65克黑巧克力。
　—对10千克重的狗来说，超过100克的葡萄。
　—对10千克重的狗来说，超过100克的葡萄干。
　—桃子或油桃的硬核。
　—未去壳的坚果。

*按压脚掌上的出血伤口至少2分钟，然后绑上绷带加以保护。*

## 清洗简单伤口

脚掌被玻璃、金属、锋利的冰块割伤是狗常见的脚部伤害。冰块割伤的伤口通常是干净的，但其他伤口会因为碎片造成感染。狗咬的伤口可能看起来很小、很干净，但各种病菌已经通过齿痕深入皮肤。这些伤口很难清理。

**1.** 拴上狗绳，然后命令狗站或坐。

**2.** 用温水洗净爪子上被玻璃、金属或冰块割伤的伤口。500毫升运动饮料瓶可以极好地喷洗伤口。

**3.** 选用消毒剂或杀菌剂。适用

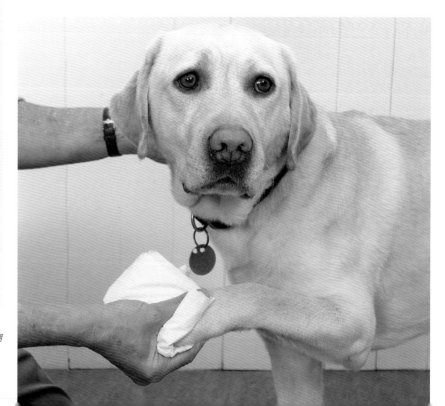

于人类皮肤的喷雾消毒剂是很好的。

4. 如果是很深的咬伤，尽量将消毒剂深入伤口以杀死皮肤内的病菌。这些伤口通常需要医生来处理。

5. 不要用凡士林或其他油性物质止血，防止绷带粘在伤口上。如果需要，只能用水溶性的易于清理的产品，例如水性润滑剂。

## 止血

因为狗会晃脑袋或者摇尾巴，所以这些部位的咬伤、割伤或挤压伤，会让家里看起来像恐怖片现场。爪子的伤口也会流血，当狗从一个房间走到另一个房间，在它经过的路上就会留下污迹斑斑的血痕。

1. 拴上狗绳，命令狗站或坐。然后用吸水性好的材料，比如干净的棉布，或者必要的话，也可以用厨房纸巾，在狗的出血部位按压几分钟。

2. 如果你正带狗去看医生，把狗固定不动，轻轻压住出血部位。为避免耳朵或尾巴晃动拍打到伤口，把这些部位也抵在狗身上。如果爪子在流血，把短袜套在临时绷带上压住伤口，并保持吸水性好的材料在正确的位置。

3. 如果出血不多，可先在出血部位喷洒杀菌剂，再用不粘纱布包扎伤口，包上吸水性好的材料，然后用绷带固定。

4. 小心不要把绷带绑得太紧，影响血液循环。包扎不当，可能会引起比原伤口更危险的伤害，要特别注意。

5. 在去看医生的途中，为了不让狗移动，请人帮忙抓住狗，或者用座椅安全带固定住狗。

## 家用急救箱

- 钝头剪刀
- 去虱工具
- 细口钳子：用于处理口腔内的异物
- 肛门数字温度计和水溶性润滑啫喱（比如K—Y系列）
- 纱布垫
- 棉签
- 5厘米（2英寸）宽的纱布卷
- 可黏贴的绷带卷
- 除菌的油膏、喷雾或水
- 活性炭：以吸收吞食的有毒物质
- 3%浓度的双氧水：用于诱发呕吐
- 抗组胺剂药片：用于黄蜂蜇伤、荨麻疹或过敏
- 宠物医生的紧急联络电话，贴在急救箱里

## 应急口套

在救助受伤的狗时，一定要给它戴上口套；因为哪怕是最温和的狗，在痛苦或恐惧时也可能咬人。任何长一点的材料，比如领带，都可以用做应急口套。需要戴口套的狗总是处于痛苦或恐惧中。冷静地用轻柔的话安慰狗，避免直接眼神接触。虽然从狗身后戴口套是最容易的，但是恐惧中的狗需要看见你。所以，最好从正面慢慢接近狗，再轻轻地把口套套在狗鼻子上。

**1** 从狗的后面靠近，利用手中任何合适的材料，绕一个圈，轻轻拉紧，在狗鼻口上方打一个结。

**2** 将材料两边垂下，在狗的下巴下面交叉，把末端绕在狗的脖子上，在颈部后面打一个结。

# 严重急症

## 老布贴士：应急措施

在手机上、家里的电话旁和狗的旅行急救箱里，保存宠物医生的日间联系电话和应急电话。如果你的狗突然病了，需要紧急治疗，你在路上的时候就要打电话通知医生，这可以让他们提早几分钟准备应急设备，等待你们的到来。

我们从来没想过会有意外，但意外就是会发生。狗也会有麻烦，有时候甚至是致命的。如果狗需要挺住足够长的时间才能见到医生，你对狗的急救就至关重要。对家里新的小狗来说，一个最普通的居家危险，就是撕咬通电的电线。尽量减少家里的风险，别忘了清理连接花园电动工具的那些凌乱的电线。如果狗不小心咬了通电的电线，不要碰狗，立刻拔掉插头，用木质手柄将狗从电线上移下来，给它做心脏按摩和人工呼吸。紧急情况下，先别管受伤的情形。先看狗是否休克，休克才是无声的杀手。

## 观察休克征兆

休克是指血液不能在体内正常循环。这是隐藏的杀手。在治疗其他诸如骨折这类伤害之前，应优先治疗休克症状。注意休克的这些早期征兆：
· 急促的呼吸和心跳。
· 焦躁不安。
· 昏睡或虚弱。
· 牙龈惨白。
· 肛温低于正常。
· 当手指压过牙龈后，超过2秒，牙龈才会恢复血色。

## 临界晚期休克的征兆
· 呼吸和心率微弱且不规则。
· 极度虚弱而导致昏迷。
· 体温和肛温低于36.7℃（98℉）。
· 牙龈苍白或呈蓝色。
· 手指压过牙龈后，超过4秒，牙龈才会恢复血色。

## 治疗休克
· 别让狗到处游走，也别给狗吃的和喝的。
· 给狗保暖以避免更多的热量流失，给明显的伤口止血。
· 必要时给狗人工呼吸和心脏按摩。
· 抬高后半身1/4，以让更多宝贵的血液流向大脑。
· 保持颈部伸展，并立即把狗送到最近的兽医那里。

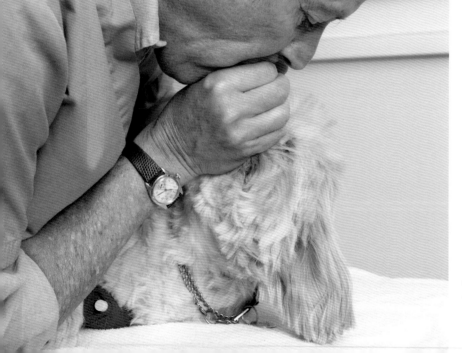

*把狗脖子拉直，直接往狗鼻子里送气，进行人工呼吸。你可以看到狗的胸部会鼓起。*

触摸内侧大腿股动脉，检测脉搏。

## 测脉搏

大狗的脉搏频率可以低到每分钟50次，小狗通常也许可以快3倍。幼犬的心率要比同体型的成年狗更快。

可以通过狗大腿内侧股动脉来监测它的脉搏；或者，如果狗比较瘦，你也可以将手放在位于左肘后面的心脏部位来监测脉搏。对小一些的狗，你可以用大拇指和食指抓住肘部后面两边的胸部，通过轻柔地挤压来找到收缩感以观察心跳。这不适用于肥胖的狗。

## 人工呼吸

只有在狗停止呼吸的时候，才给予人工呼吸。造成呼吸停止的原因包括窒息、溺水、烟熏、触电、脑震荡、中毒、糖尿病昏迷、休克或失血过多。

**1**．把狗放平，拉直脖子，清除鼻子和嘴里的污物，把舌头拉出来。

**2**．阖上狗嘴，将你的嘴直接放在狗的鼻子和嘴上，或者用手做成密封漏斗罩住狗的嘴，朝里面吹气。你可以看到狗的胸部鼓起。

**3**．移开你的嘴，让狗的肺部自然收缩。

**4**．重复这个过程，每分钟10—20次，直到狗能自主呼吸。

**5**．每15秒检查一次脉搏，确保心脏仍在跳动，否则就增加心脏按摩。

## 心脏按摩

心脏按摩不是单独的急救。在心脏停止跳动时，心脏按摩总是和人工呼吸同时进行，被称为心肺复苏（CPR）。只在心脏停止跳动时才增加心脏按摩。心脏停止跳动时，瞳孔会放大，用手挤压牙龈，牙龈不会恢复充血。

**1**．将狗靠右侧放平，头部低于身体其他部位。

**2**．如果是大狗，把你一只手的手掌根放在狗肘后的胸部，另一只手掌根叠放上去，然后用力按压胸部，每分钟100次，对着颈部推。如果是小狗，用大拇指和食指抓住肘后的胸部，用力向上挤压至颈部，胸腔按压频率控制在每分钟120下。

**3**．每15秒，停止心脏按摩，做2次人工呼吸。

**4**．继续心脏按摩，直到脉搏恢复，然后进行人工呼吸，直到帮助狗恢复自主呼吸。

**5**．尽快送到兽医那里治疗。

## 运送病狗

如果狗受伤了，理想的方式是将狗固定在结实的材料——比如板子上，并盖上毯子，带它去看医

心脏按摩时，用力按压，促使血液从心脏流向大脑。

生。然而现实生活中，你可能只能用毯子来做这些。轻轻地把狗放在毯子上，暖暖地包起狗，把它抬到车里，尽可能减少直接对狗身体的压力。

用你的身体来支撑受伤或生病的狗，但是要保证自身的安全。即便是最温顺的狗，在疼痛的时候也可能会咬人。

# 预防性体检

相较于发生问题后再进行治疗，预防性体检更经济、更安全、更体贴。通过体检，你的狗可以避免多种不同的危险、严重传染病或细菌侵害。不做体检是不负责任的，但问题是多久做一次体检才是适当的。预防性医疗包括决定是否要狗生育，以及后来积极监控狗的健康状况，而不是把宠物诊所当做问题发生后的救火队。

### 预防寄生虫

所有的新狗都应该进行体内和体外寄生虫的检查和治疗。寄生虫带来的风险因季节和地区而异。

### 体内寄生虫

小狗通常自母体带有蛔虫，较少携带更有威胁性的钩虫和鞭虫。绦虫是因为吃了被感染的跳蚤或是未煮熟的肉，特别是羊肉产生的；心丝虫通过蚊子传播，原生动物寄生虫利什曼虫则通过果蝇传播；巴贝斯虫和埃立克虫通过蜱虫传播。蜱虫还会传播病菌引发莱姆病。贾第鞭毛虫是单细胞的、微观的水传播寄生虫，越来越多地被诊断为引发狗腹泻的原因。有些非处方的杀虫药可能是中等有效的，最有效的针对体内寄生虫的预防治疗措施还是要咨询医生。

### 体外寄生虫

有些体外寄生虫，比如毛囊虫和螨虫，是小狗出生后不久从母体传染的；其他寄生虫，比如虱子，是通过狗和狗的直接接触传播的；引发疥疮的小虫，可以通过直接接触，也可以通过跳蚤、蜱虫和收获螨在污染环境里传播。对跳蚤和蜱虫的预防尤其重要，因为跳蚤的唾液是常见的引发皮肤过敏疾病的诱因，而蜱虫可以引起可能致死的感染。不管你住在哪儿，或去哪儿，都要正确地使用宠物医生推荐的预防措施。一种涂抹于皮肤上的定点驱虫产品更加精准有效，当然最有

*讨厌的跳蚤适应性强，是皮肤病的常见原因。*

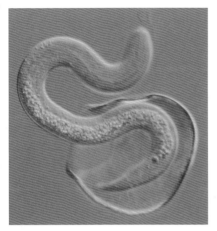

蛔虫，最常见的幼犬寄生虫，正在破卵而出。

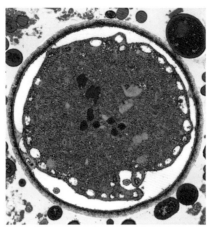

引起腹泻的贾第鞭毛虫存活于河水和湖水中。

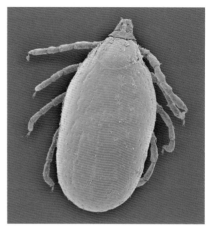

这个肿胀的蜱虫腹部充满了血液美餐。

效的保护还是喷雾式的或项圈。

## 传染病的预防

当我刚开始从事兽医工作的时候，很多狗死于传染病，像犬瘟热和肝炎。现在，有效疫苗的开发几乎让这种死亡不再是必然的悲剧。所有的新狗都应该注射生物疫苗，以保护它们远离你居住或拜访的地方流行的传染病。传染病靠物理疗法不起作用，一定要用生物疫苗。

狗应该通过注射疫苗防止犬瘟热、肝炎和细小病毒症。需要的话，还要预防狂犬病和钩端螺旋体病的感染。根据地区不同，还可以选用其他疫苗预防犬类咳嗽（支气管败血波氏杆菌，副流感病毒，腺病毒引起的呼吸道疾病）或者莱姆病（包柔式螺旋体菌）。

## 计划生育

什么时候给母狗结扎正变得越来越复杂。早期绝育可以大大降低乳房癌的危险。但是，为寻回犬（参见20—21页以及26页）和罗威纳犬（参见42页）进行早期绝育，则会增加它们得其他癌症的风险。明智的做法是，至少要让它们经历一次月经周期。非手术绝育最终会成为可能，但是现在你要与宠物医生讨论为狗结扎的最佳时间。我的宠物诊所会建议，所有的母狗在结扎之前都要至少有一次发情周期。

公狗是否做阉割，对其寿命没有影响。然而，在狗救援中心死去的狗的典型是那些未被阉割过的年轻狗，这些狗流浪成性或是让狗主人难以控制。阉割过的狗可以稳定地保持对你家庭成员更强的信赖度和反应度。

救援中心经常在狗很年轻的时候，还没有进入青春期之前，就给狗做结扎。他们这么做是正确的，因为他们已经在对那些多余的狗负责，要预防没人要的狗出生。有些时尚品种的育犬师，纯粹因为经济原因而控制他们的犬种的繁殖数量，这是很可怕的。

## 预防性体检

对大多数狗来说，一年一次的体检足够了。对于老年狗，还要通过验血来检验身体各方面的机能。宠物医生会根据你的犬种的已知风险和预知寿命，特别定制体检方案。

## 老布贴士：好的狗主人的标志

- 你经常给朋友看狗的照片吗？
- 你用狗的照片做屏保图片吗？
- 你手机里有狗的照片吗？
- 你给狗生日贺卡和礼物吗？
- 你会因为狗不舒服取消休假吗？
- 你离开家的时候会打电话回来关心狗吗？
- 你觉得你的狗漂亮吗？
- 你是不是喜欢观察你的狗的一切活动？

如果你是，你一定愿意带你的狗去做预防性体检。在你内心深处，你明白有狗的陪伴，生活将会更美好！

# 鸣谢

## 老布感言

因为我在宠物诊所里，所以找狗和狗主人来为本书做摄影模特完全不是问题。我无法否认，翻阅完稿的全书，看着我熟知的那些狗，简直太有趣了。你甚至可以说，那些狗跟我很亲密！非常感谢我所有的客人们，他们允许自己的狗被拍照，即使狗是在麻醉或者小手术中。

我也要感谢聋人听力犬机构的朋友们。对于那些有严重听力障碍的人，这个慈善机构会训练聪明而又年轻的狗作为他们的耳朵。他们不仅提供了训练的照片，还提供了他们的场地。他们的工作人员很了不起，很多人放弃了自己的休息时间来帮助训练（他们每年要训练和安置大约200只狗）。感谢这个机构从员工到管理层的每一个人。

就狗狗的训练而言，帕翠珊和我的观点一致，这也是我为什么50年来都把狗介绍给她的训狗俱乐部。帕翠珊、朱丽叶（Juliette Norsworthy）和摄影师阿德里安（Adrian Pope）在拍照的时候是那么风趣，以至于项目结束以后，照顾狗的人员都舍不得他们。跟Mitchell Beazley出版社的David Lamb，Helen Griffin以及Suzanne Arnold这些幕后工作人员的合作也一样愉快。谢谢你们！还有每天都与我一起度过的伦敦宠物诊所的同仁们，他们一如既往地贡献场地、花费时间来帮助完成这本书。感谢Suzi Gray, Ashley McManus, Angela Bettinson, Lettie Lean, Hester Small, Grant Petrie以及Veronica Askmanovic，他们给了我极大的帮助。

## 帕翠珊感言

这本书深得我心，因为它着重于正面的狗主人与狗的关系，这正是成为一位成功而又快乐的狗主人的基础。帮助人们训练他们的狗，纠正狗的行为，这让我再清楚不过，许多狗的行为问题实际上是人为造成的。所以要解决最初看起来只是狗的问题，解决方案必须要从牵狗绳的两端入手。我的大多数狗都是救援狗，它们教给了我许多！卓越的训犬师Roy Hunter曾经说，"唯一的狗专家就是狗自己。"我们不过是观察者。观察和沟通工作在人－犬关系的迷人探索中携手共进。我很荣幸可以跟老布在那个探索中继续工作。非常感谢大家，让这本书的出版过程充满乐趣。聋人听力犬机构的工作人员非常慷慨地贡献了时间，并让他们的狗来做摄影模特。感谢Hammersmith训狗俱乐部的会员们，他们也参加了拍照。Mitchell Beazley的员工以及我们优秀的摄影师阿德里安也加入到了出版这本书的快乐中，我们希望这本书能够指导我们的新手狗主人通过考验，和家里的新狗相处愉快。Mitchell Beazley也在此感谢聋人听力犬机构的每一个人和每一只狗，感谢他们的帮助，感谢他们贡献场地并出镜做模特。特别要感谢Jenny Moir和Carrie Highmore。感谢所有的模特：Chris Allen; BeckyAtkinson; Lorna Bacchus; Evie Clark; Jeremy Day; Freddie, Joshua and Suzi Eglese; Lubca Gangarova; Mike Garner; Suzi Gray; Tom Green; Lesley Hastings; Carrie Highmore; Sarah Luxford; Chloe Morris; Theoand Molly Oakley; Nicole O'Donnell; Ingrid Ramon; Emma Richards; Karen Rigg; Darren Sparrow; Nancy Stranger.

感谢每一只狗：Bea; Cara; Cedar; Chambers, Cherry, Chelsea; Coco, Denver; Elkie;Etna; Fizz; Franck, Gus, Indy, Lacey; Maisy; Mango,Maverick, Milly; Minty; Mocha; Monty; Olly; Poppy; Purdy, Ramsey; Rodney; Sidney; Stig; Terry; Truffleand Umber.

也感谢这些机构为我们提供摄影中需要用到的一些设备：www.mekuti.co.uk;www.genconallin1.co.uk; www.gentleleader.co.uk.

## 摄影师感言

Mitchell Beazley出版社在此感谢以下这些为本书提供图像者。

Photography by Adrian Pope for Octopus Publishing 12a Moredun Animal Health Ltd/Science PhotoLibrary; 12b Eric Isselée/Shutterstock; 13 Jack Fields/Corbis; 14a Marc Pagani Photography/Shutterstock;17a Jane Burton/Warren Photographic; 19 DLILLC/Corbis; 20 Jane Burton/ Warren Photographic; 21 Doreen Baum/Picani/ Shutterstock; 22, 23, 24 Jane Burton/Warren Photographic; 25a Octopus Publishing Group; 25b Eric Isselée/ Shutterstock; 26a Lisa A Svara/ Shutterstock; 26b Pieter/Shutterstock; 27 Jane Burton/Warren Photographic; 28a OctopusPublishing Group; 28b, 29a & b Octopus Publishing Group; 30l Waldemar Dabrowski/ Shutterstock; 30r Octopus Publishing Group; 31 DK Limited/Corbis; 32a & b, 33a Jane Burton/ Warren Photographic; 33bEric Isselée/ Shutterstock; 34 Joy Fera/ Shutterstock;35 Eric Isselée/ Shutterstock; 36l & r Jane Burton/ Warren Photographic; 37a Don Mason/ Corbis; 37b Jean Michel Labat/ Ardea.com; 38a Jane Burton/ Warren Photographic; 38b John Madere/ Corbis; 39l Waldemar Dabrowski/ Shutterstock; 39r Wegner/ Arco/ Naturepl.com; 40a Dale C Spartas/ Corbis; 40b Lew Robertson/ Corbis; 41a & b, 42a Jane Burton/Warren Photographic; 42b pixshots/ Shutterstock; 43l Rick's Photography/ Shutterstock; 43r, 44l & r OctopusPublishing Group; 45 Eric Isselée/ Shutterstock; 46,47l Octopus Publishing Group; 47r, 48 Jane Burton/ Warren Photographic; 49a Eric Isselée/ Shutterstock; 49b John Daniels/ Ardea. com; 50l Octopus Publishing Group; 50r Eric Isselée/ Shutterstock; 51a & b Jane Burton/ Warren Photographic; 52 Johan de Meester/Ardea.com; 53 Tracy Morgan/ Dorling Kindersley; 54l & r, 55, 56r Jane Burton/ Warren Photographic; 56l Shutterstock; 57 John Daniels/ Ardea.com; 58, 61r Jane Burton/ Warren Photographic; 59, 60l Octopus Publishing Group; 61l Rick's Photography/ Shutterstock; 62 Ioannis Lelakis/ Photographers Direct; 63 Jane Burton/ Warren Photographic; 68 Shinya Sasaki/ Neo Vision/Getty Images; 70 John Daniels/Ardea.com; 76 Roger Tidman/FLPA; 89a Arco Images/Alamy; 96b Yann Arthus-Bertrand/Ardea.com; 102,103, 106, 107br Octopus Publishing Group; 111 rlemonlight features/ Alamy; 113a Maksym Gorpenyuk/Shutterstock; 120a Romastudio/ Dreamstime.com; 164 mediacolor's/ Alamy; 176a Christie & Cole/ Corbis; 186 Mike Buxton/Papilio/ Corbis; 187l Clouds Hill ImagingLtd/ Corbis; 187c Visuals Unlimited/ Corbis; 187r Science Photo Library.